"十二五"职业教育国家规划教材
经全国职业教育教材审定委员会审定

U0291718

Cimatron E10 中文版

三维造型与数控编程

入门教程

王卫兵◎主编

清华大学出版社

北京

内 容 简 介

本书以 Cimatron E10 中文版为蓝本进行讲解，以应用为主线，由浅入深、循序渐进地介绍了 Cimatron E10 的零件设计和数控编程模块的操作技能。其主要内容包括零件设计中的草图设计、实体设计、曲线与曲面设计、分模设计相关知识，以及数控编程中的 2.5 轴加工、体积铣、曲面铣、流线铣、钻孔加工和程序管理等知识，并辅以相对应的实例操作进行讲解。

本书以教师课堂教学的形式安排内容，以单元讲解的形式安排章节。每一单元中，先讲解相关技术要点，再结合一个包含本单元相关技能的典型示例以 STEP by STEP 的方式进行详细讲解。另外，本书还附带精心开发的多媒体视频教程和相关练习题，保证读者能够轻松上手，快速入门。

本书可作为 Cimatron 软件应用者和相关技术人员的 CAD/CAM 技术自学教材和参考书，也可作为 CAD/CAM 技术各级培训教材以及高职高专相关专业的教材。

图书在版编目（CIP）数据

Cimatron E10 中文版三维造型与数控编程入门教程/王卫兵主编．—北京：清华大学出版社，2014
(2024.2重印)

ISBN 978-7-302-35126-9

I．①C… II．①王… III．①数控机床-计算机辅助设计-应用软件-教材 IV．①TG659-39

中国版本图书馆 CIP 数据核字（2014）第 012447 号

责任编辑：钟志芳
封面设计：刘 超
版式设计：文森时代
责任校对：张彩凤
责任印制：刘海龙

出版发行：清华大学出版社
　　　　网　　　址：https://www.tup.com.cn, https://www.wqxuetang.com
　　　　地　　　址：北京清华大学学研大厦 A 座　　　　邮　　编：100084
　　　　社 总 机：010-83470000　　　　　　　　　　邮　　购：010-62786544
　　　　投稿与读者服务：010-62776969，c-service@tup.tsinghua.edu.cn
　　　　质量反馈：010-62772015，zhiliang@tup.tsinghua.edu.cn
印 装 者：三河市君旺印务有限公司
经　　销：全国新华书店
开　　本：185mm×260mm　　　　印　　张：20　　　　字　　数：486 千字
　　　　（附 DVD 光盘 1 张）
版　　次：2014 年 12 月第 1 版　　　　印　　次：2024 年 2 月第 8 次印刷
定　　价：69.00 元

产品编号：056762-03

前　言

Cimatron E 是专门针对加工模具行业设计开发的 CAD/CAM 软件。Cimatron E 的 3D 设计工具融合了线框造型、曲面造型和实体造型，允许用户方便地处理获得的数据模型或进行产品的概念设计。针对模具的制造过程，Cimatron E 支持具有高速铣削功能的 2.5～5 轴铣削加工，以交互式的 NC 向导条引导用户完成全部 NC 过程，编程过程快速方便，易学易用。同时，Cimatron E 在程序的可靠性、加工效率上也有相当好的口碑。

本书从读者的需求出发，充分考虑初学者的需要，从读者最易于学习软件的角度进行课程讲解方式、结构、顺序的安排和内容的编写，保证读者学得会、学得快、学得通、学得精。书中对软件各功能的应用及参数解析以实例操作的方式进行讲解，而非菜单功能的列举。本书还通过"提示"、"技巧"、"警告"和"关键"等特色段，使一些重点、难点问题一目了然。

本书以 Cimatron E10 中文版为蓝本进行讲解，同时适用于 Cimatron E7.0、E8.0、E8.5、E9.0 等各个版本，全书以应用为主线，循序渐进地介绍了 Cimatron E10 的零件设计和数控编程模块的操作技能，主要内容包括：零件设计中的草图设计、实体设计、曲线与曲面设计、分模设计及相关知识；数控编程中的 2.5 轴加工、体积铣、曲面铣、流线铣、钻孔加工和程序管理等知识。通过学习本书，读者可以全面掌握 Cimatron E 在产品设计与数控编程上的应用。本书的内容具体安排如下：

第 1 讲为 Cimatron E10 的基础知识；第 2～4 讲为 Cimatron E10 的草图设计；第 5～11 讲为实体模型设计；第 12～16 讲为曲线、曲面设计；第 17～18 讲为分模设计；第 19～23 讲为数控编程基础及 2.5 轴加工的相关内容；第 24～30 讲为 3 轴加工中的体积铣、曲面铣、流线铣和清根加工程序创建。同时，书中还穿插介绍了相关辅助工具的应用知识。

本书每一讲都配有一个精选的示例，能较全面地覆盖本单元所讲解的主要应用功能，通过 STEP by STEP 的方式进行示例讲解，并配有视频教程和相关练习题。读者只要按照书中的指示和方法做成、做会、做熟，再举一反三，就能扎扎实实地掌握 Cimatron E10 的应用。

本书由台州职业技术学院王卫兵主编，同时，王涛、周红芬、王金生、王卫仁、杨建西、吴丽萍、郑晓依、郑明富等人也参与了编写。

由于水平有限，疏漏之处在所难免，敬请读者提出宝贵意见和建议，以便我们不断改进。本书为教师免费提供了配套的电子课件，可以通过网站（http://www.WBCAX.com、http://www.twp.com.cn）下载或者 E-mail（wbcax@sina.com）联系索取。

目　录

第 *1* 讲 Cimatron E 基础

Cimatron E 是一款功能非常强大的 CAD/CAM 软件，本讲主要介绍 Cimatron E10 软件应用的一些基础知识与基本操作，以初步认识 Cimatron E10 并掌握其基本操作。

本例是一个简单的零件设计，通过这一过程了解 Cimatron 的鼠标应用、视角切换操作和特征向导的应用等基础。

本讲要点

- 📖 了解 Cimatron E
- 📖 Cimatron E10 的操作界面
- 📖 Cimatron E10 中鼠标的应用
- 📖 Cimatron E10 的视角操作
- 📖 特征向导与特征树
- 📖 物体选择工具

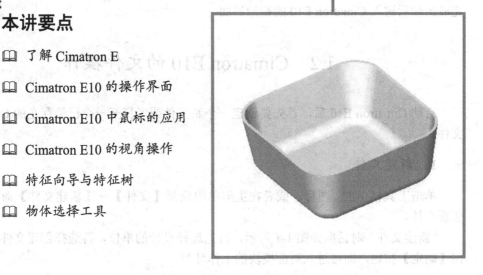

1.1 Cimatron E10 概述

Cimatron E 是专门针对加工模具行业设计开发的 CAD/CAM 软件，包括一套卓越的、易于使用的 3D 设计工具。该工具融合了线框造型、曲面造型和实体造型，允许用户方便地处理获得的数据模型或进行产品的概念设计。

Cimatron E10 提供了一套集成的模具设计工具，可帮助用户实现模具的分型设计、进行设计变更的分析与提交、生成模具滑块与嵌件、完成工具组件的详细设计和电极设计。

针对模具的制造过程，Cimatron E10 支持具有高速铣削功能的 2.5～5 轴铣削加工、基于毛坯残留知识的加工和自动化加工模板，大大减少了数控编程和加工的时间。Cimatron E10 让用户工作在一个集成的环境中，NC 文档包含完整的 CAD 功能，并以交互式的 NC 向导条引导用户完成整个 NC 过程。

> **提示**：本书以 Cimatron E10 中文版为蓝本进行讲解，同时适用于 Cimatron E11、E9.0、E8.5 和 E8.0 等版本。

通过程序菜单或双击桌面快捷方式启动 Cimatron E10，首先出现一个欢迎界面，系统完成加载后进入 Cimatron E10 的初始界面。

1.2 Cimatron E10 的文件操作

启动 Cimatron E10 后，首先要创建一个新文件或者打开一个已经存在的 Cimatron E10 文件。

1. 新建文件

单击工具栏中的□图标，或者在主菜单中选择【文件】→【新建文件】命令，均可创建新文件。

"新建文件"对话框如图 1-1 所示，首先选择设计的单位，再选择创建文件的类型，单击【确定】按钮，即可进入对应模块的工作环境。

图 1-1 "新建文件"对话框

2．打开文件

在 Cimatron E10 的工具栏中单击【打开文件】图标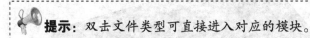，或者在主菜单中选择【文件】→【打开文件】命令，将打开"Cimatron E 浏览器"窗口，如图 1-2 所示。在列表中选择文件后，将在右侧显示文件预览及相关信息，单击【读取】按钮可打开文件。

> **提示**：双击文件类型可直接进入对应的模块。

图 1-2　"Cimatron E 浏览器"窗口

3．保存文件

第一次保存或者另存文件时，系统也将弹出"Cimatron E 浏览器"窗口，在其中输入文件名，即可保存。如果使用原文件名保存当前文件，则可以直接在主菜单中选择【文件】→【保存】命令或者单击▣图标进行保存。

1.3　Cimatron E10 的工作界面

Cimatron E10 零件设计模块的工作界面如图 1-3 所示。其中，绘图区是 Cimatron E10 的工作区，用于显示绘图的图素、刀具路径等；特征栏用于显示特征树与特征向导，特征树记录了设计的每一步操作，特征向导提示当前创建特征的必选选项和可选选项，引导用户完成一个完整的特征设计；浮动菜单是当前命令的选项设置，可以在屏幕上任意拖动。

> **提示**：若特征树被关闭，可在主菜单中选择【视图】→【面板】→【特征树】命令来恢复显示。

1—标题栏　2—主菜单　3—工具栏　4—绘图区　5—特征栏　6—提示栏　7—浮动菜单

图 1-3　Cimatron E10 零件设计模块的工作界面

1.4　Cimatron E10 的基本操作

1. 鼠标的使用

Cimatron E10 的人机交互是通过键盘和鼠标进行的，其中又以鼠标的运用为主。Cimatron E10 要求使用 3 键鼠标，3 个按键结合运用，其功能如表 1-1 所示。

表 1-1　鼠标的使用方法

鼠 标 按 键	说　明
左键	选择菜单命令、单击工具按钮、选择图素、选择选项和表单等
中键	确认当前操作，进入下一步操作
右键	打开弹出式菜单
左键+中键	放弃当前操作，回到上一步
中键+右键	打开包含视图显示主要功能与命令功能的窗口
左键+右键	打开"选择过滤器"窗口
Ctrl+左键	动态旋转图素
Ctrl+中键	动态平移图素
Ctrl+右键	动态缩放图素
Shift+左键	反选图素
Shift +右键	打开"选择过滤器"窗口

2. 屏幕显示操作

在开始绘图或编程前，要先掌握如何变换视角、显示不同的区域、以不同的显示方式显示图形，以便在绘图过程中能够更容易地观察和修正图形。可以通过工具栏中的功能图标进行图形视角的转换、显示区域大小和显示方式的调整。工具栏中的"视图"工具条集中了用于屏幕显示操作的工具，如图 1-4 所示。图 1-5 给出了一些常用的视图操作示例。

图 1-4　"视图"工具条

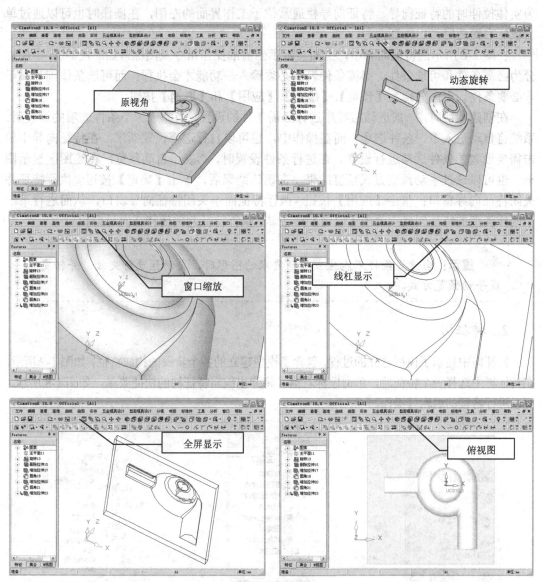

图 1-5　视图操作示例

> **提示**：本书在后续讲解操作过程中，对于视角及显示模式的调整一般不作特别说明。

1.5 特征向导与特征树

1. 特征向导

在 Cimatron E10 造型过程中，大多数情况下会有特征向导来指导操作，如图 1-6 所示为实体拉伸时的特征向导。特征向导栏通常位于工作界面的左侧，在操作时也可以通过单击鼠标右键随时弹出特征向导。

在图 1-6 所示的特征向导中，上面显示了当前的操作指令及图标，如"拉伸"；中间部分为必需条件和可选条件。必需条件表示必须输入，功能才会执行；而可选条件则是属于非必要条件。下面分别为【预览】、【确定】、【应用】和【取消】按钮。

在创建特征时，一般应该按顺序进行必需条件的设置，当完成一个条件选项的设置后，系统将自动进入下一条件选项。而在操作中，也可以自行选择设置顺序，在特征向导中单击需要设置的条件选项进行设置。在进行条件设置时，表示自动预览，在绘图区显示图形，也可以通过手动预览方式预览结果。在确认结果后，单击【确定】按钮✔执行特征并关闭特征向导窗口；单击【应用】按钮执行特征而不关闭特征向导窗口，从而进行下一个同样类型的特征创建；单击【取消】按钮不执行特征并关闭特征向导窗口。

> **提示**：当设置条件不能生成符合要求的图形时，自动预览将失效，并转变成手动预览方式。

2. 特征树

特征树中显示了模型建立的过程，包含了模型建立的各个步骤的构成特征，如图 1-7 所示。在特征树中选择一个特征后，单击鼠标右键，将弹出编辑特征树的快捷菜单，如图 1-8 所示，可以进行特征的编辑等操作。

图 1-6　特征向导

图 1-7　特征树

图 1-8　特征树快捷菜单

在特征树中单击某一特征，即可选中该特征，同时在图形上高亮显示。在选择时，可以同时按住 Ctrl 键进行多重选择。选择特征后再次单击可以改变特征的名称。

> 📢**提示：**双击特征名称将进入特征编辑。

1.6　物体的选择

1.“选择”工具条

选择物体是 Cimatron E10 操作中不可缺少的组成部分，在 Cimatron E10 中，可以先选择物体再进行操作，也可以选择指令后再选择物体。“选择”工具条如图 1-9 所示。

图 1-9　“选择”工具条

下面对“选择”工具条中各选项作简要介绍。

（1）选择所有 。单击该图标，所有图像显示的图素都被选取，选择所有选项将立即选中所有符合条件的图素对象，状态区没有显示，并随即提示进行下一个对象的选择。

> 📢**提示：**选择所有功能对屏幕显示范围以外的图素同样起作用，所以应特别注意不在显示范围内的图素是否需要选择。

（2）清除选择 。单击该图标将取消选择所有选择的图素。

（3）添加方式 /删除方式 /仅显示可见 。该选项设置了使用窗选时的选择方式。“添加方式”将选择的物体加入到已选物体中；而“删除方式”则将已选物体去除；“仅显示可见”限定了只有在当前视图中可见的物体才能被选择。

（4）面快速选择。通过指定该选项可以快速选中相关联的面。

2.“过滤器”工具条

在“过滤器”工具条中，可以直接设置对选择物体类型的过滤，分别是物体、面、草图、边和曲线、点、基准、组件等，如图 1-10 所示。只有被激活的物体类型才能被选中。

图 1-10　“过滤器”工具条

提示：过滤物体与过滤面是不能同时激活的。

3. 选择物体

（1）单一选择。指一次选取一个图像元素，可连续选择。当光标移动到某一物体上方时，该物体将以系统设定的颜色（默认为绿色）高亮显示，同时光标显示了当前物体的类型，单击即可选择。

提示：若一个物体已被选中，再次单击将取消选中。

（2）窗口选择。即通过两个角落点定义的方框来选取对象，在一个角落点单击后拖动到另一角落点，则在方框范围内的图素将被选中。这里要注意的是，拖动的方向将影响选择的结果，从左向右拖动时，在方框内及与方框相交的图像元素都会被选中；而从右向左拖动时，只有在方框内的图像元素被选中，与方框相交的图素将不能选中。

1.7 Cimatron E10 入门示例

创建如图 1-11 所示的零件模型并进行检视。

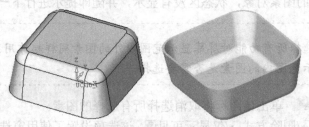

图 1-11 示例零件模型

→ **启动 Cimatron E10** 启动 Cimatron E10，在主菜单中选择【文件】→【新建文件】命令。

→ **新建文件** 系统弹出"新建文件"对话框，如图 1-12 所示，选择单位为"毫米"，单击【零件】图标，再单击【确定】按钮即可创建一个新零件。

图 1-12 新建零件文件

➔ **进入草图**　单击工具栏中的【草图】图标，以 XOY 平面为草图绘制平面，进入草图绘制状态。

➔ **绘制矩形**　单击"草图"工具条中的【矩形】图标，在浮动菜单上单击"自由"选项切换为"尺寸标注"，并设置高度与宽度；选择坐标原点绘制矩形，如图 1-13 所示。

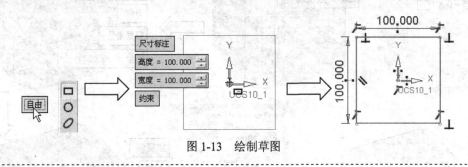

图 1-13　绘制草图

> 📢 **提示**：光标移动到原点附近时将自动捕捉到原点。

➔ **角落处理**　单击"草图"工具条中的【角落处理】图标，进行倒圆角操作。选择过渡方式为"圆角"，设置半径值为 20。移动光标拾取相邻的直线进行倒圆角，再在其他角落倒圆角，如图 1-14 所示。

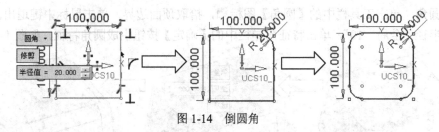

图 1-14　倒圆角

➔ **退出草图**　单击"草图"工具条中的【退出草图】图标，完成草图绘制。在特征树上将显示草图 11，如图 1-15 所示。

➔ **切换视角**　单击工具栏中的【ISO 视图】图标，再单击【动态缩放】图标，向下拖动鼠标，缩小图形的显示大小，屏幕上显示的草图如图 1-16 所示。

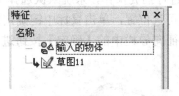

图 1-15　特征树

图 1-16　ISO 视图下的草图

➔ **创建拉伸实体**　单击工具条中的【新建拉伸】图标，系统弹出拉伸实体特征向导栏，并选择刚生成的草图，在绘图区上出现浮动菜单，显示参数并预览拉伸实体。单击浮动菜单中的"增量=100"选项，输入 40 并按 Enter 键，图形预览将自动更新；单击特征向导栏中可选项中的【拔模角】图标；设置"拔模角 10"；预览图形确定模型正确，单击特征向导栏中的【确定】按钮生成实体，如图 1-17 所示。

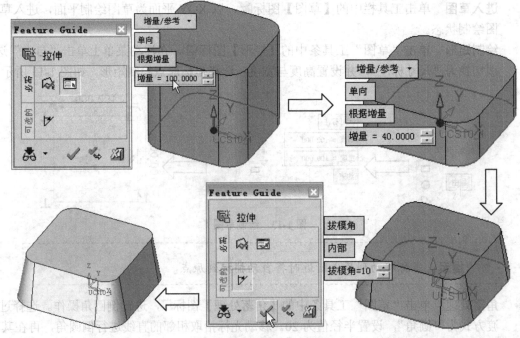

图 1-17 创建拉伸实体

➔ **倒圆角** 单击工具栏中的【圆角】图标，拾取顶面边界，单击鼠标中键退出。设置圆角半径"全局 10"，单击特征向导栏中的【确定】按钮生成圆角特征，如图 1-18 所示。

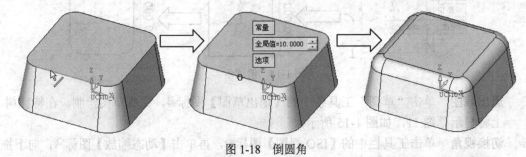

图 1-18 倒圆角

➔ **抽壳** 在主菜单中选择【实体】→【抽壳】命令进行抽壳操作，系统默认选择了实体，单击【动态旋转】图标，将图形的底面旋转到可选位置，单击鼠标中键确定视图方向。选择底面为开放面，设定厚度为 2，单击特征向导栏中的【确定】按钮进行抽壳操作，如图 1-19 所示。

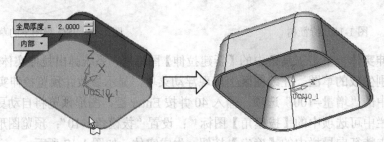

图 1-19 抽壳

> **提示**：一定要选取底面，否则将不能开口。

➡ **检视模型**　完成所有设计步骤后，变换图形视角及改变视窗范围，进行图形不同局部的检查，如图 1-20 所示为不同视角和显示模式下显示的模型。

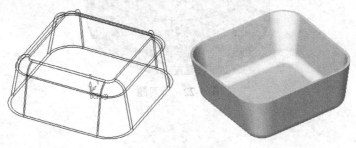

图 1-20　检视模型

> **提示**：请尝试使用不同的动态视图、标准视图、渲染方式进行图样显示方式的变换。

➡ **保存文件**　单击工具栏中的【保存】图标 ，在弹出的"Cimatron E 浏览器"窗口中输入文件名"T1"，如图 1-21 所示，保存文件。

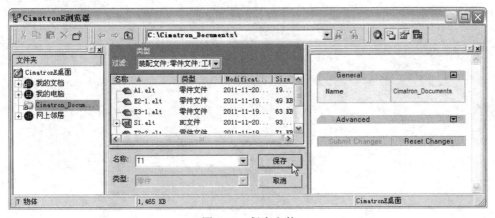

图 1-21　保存文件

> **提示**：保存后的文件名将显示在标题栏上。

复习与练习

创建如图 1-22 所示的模型（圆柱直径为 100，高度为 100，倒圆角 R20），并进行多方位检视。

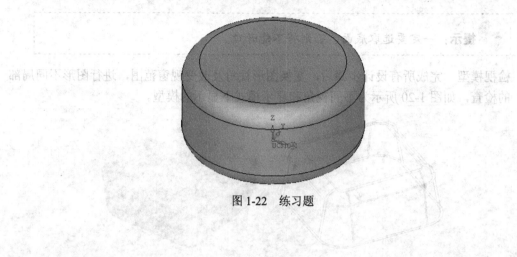

图 1-22　练习题

第 2 讲　草图曲线绘制

草图是完成实体或曲面设计的基础，大部分的实体特征与曲面特征都是依据草图生成的。草图曲线则是草图的基础，对于绘制的草图，通过尺寸标注可以确定其大小与位置。本讲重点讲解草图中直线与圆弧的绘制以及尺寸标注。

零件草图包含了直线、圆与圆弧等曲线，并且直线有水平、垂直等约束条件，圆弧有相切的约束，最后还需要标注尺寸以确定其大小。

本讲要点

- 草图基础
- 直线的绘制
- 圆与圆弧的绘制
- 其他草图曲线的绘制
- 尺寸标注

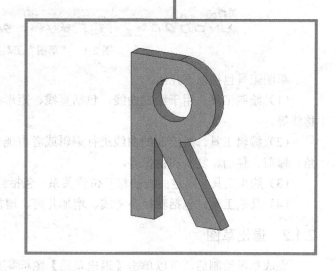

2.1 草 图 基 础

绘制草图通常是建立实体的首要工作,三维模型通常是通过建立在某一平面上的草图,再利用实体特征或者曲面功能来实现的。因此,草图是实体和曲面的基础。

2.1.1 草图绘制环境

在主菜单中选择【曲线】→【草图】命令,或者单击工具栏中的【草图】图标☑,都可进入草图环境。

进入草图环境后,还需要选择一个平面作为草图绘制平面,可以拾取实体上平的表面或基准平面作为草图绘制平面,草图绘制平面将以灰底显示。

> **提示**:在进入草图环境前先选取一个平面,则可以直接以该平面为草图绘制平面进入草图环境。

> **提示**:单击鼠标中键,将以 XY 平面为草图绘制平面直接进入草图环境。

进入草图环境后,主要通过"草图"工具条上的图标进行操作,如图 2-1 所示。

图 2-1 "草图"工具条

草图工具包括以下几组。

(1)绘制工具。用于绘制曲线,包括直线、矩形、圆、椭圆、圆弧、样条线、点和对称线等。

(2)编辑工具。对绘制的曲线进行编辑或者由现有曲线派生新的曲线,包括偏移、圆角、修剪、移动、复制和镜像等。

(3)约束工具。固定曲线的相互位置关系,包括约束过滤器、增加约束和尺寸工具等。

(4)其他工具。包括转换参考线、增加几何、增加参考、图形中心、删除等。

2.1.2 退出草图

完成草图绘制后,可以单击【退出草图】图标█退出草图,也可以按 Esc 键退出。

2.2 绘 制 曲 线

2.2.1 直线

单击"草图"工具条中的【直线】图标╲,可以进行直线的绘制。

提示：在选择直线绘制功能时，不要单击"曲线"工具条中的直线图标，否则将退出草图绘制环境并打开直线特征向导。

1. 直接指定两点绘制直线

使用直线功能时，默认情况下需要指定一点作为起点，再指定一点作为端点，两点之间将以直线连接，如图 2-2 所示。

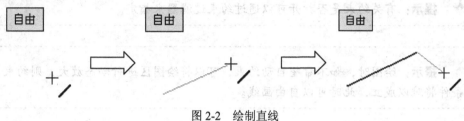

图 2-2　绘制直线

提示：在未形成封闭图形的情况下，系统自动使用端点为起点进行下一线段的绘制，如果不需要绘制连续线，则单击中键退出。

2. 自动约束条件绘制直线

绘制直线拾取点时，将自动判断是否有特征点，如端点、中点或与特征点对齐的点，可以通过点的拾取来指定约束条件，如图 2-3 所示为自动约束点绘制直线的示例。

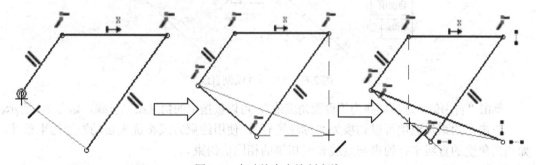

图 2-3　自动约束点绘制直线

Cimatron E10 的草图绘制使用自动约束的方式，当选择位置在对齐位置时，将自动约束为符合一定条件的图形，如水平/竖直线、平行线、法线和切线等。

绘制直线时指定第二点，光标与起点大致水平对齐时，系统将显示一条虚线，单击鼠标左键即可创建一条水平线，如图 2-4 所示。当光标移动到创建平行直线位置附近时，将在原直线上显示一条无限延伸的虚线，表示创建平行约束，指定该点可创建一条平行线，如图 2-5 所示。

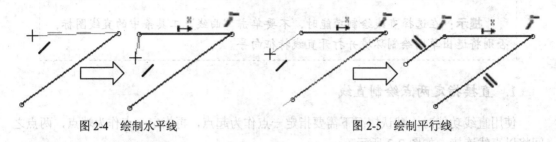

图 2-4 绘制水平线 图 2-5 绘制平行线

> **提示**：有关约束是否打开可以通过约束过滤器来指定。

> **提示**：绘图时，如不希望自动约束，可以将绘图区进行动态放大，则约束条件将难以成立，此时可以自由画线。

3. 尺寸标注方式绘制直线

绘制直线时，单击浮动菜单的"自由"选项切换为"尺寸标注"，单击"尺寸值"输入长度，可按指定的长度绘制直线，并且将在绘制的直线上标注指定的尺寸。当使用尺寸时，第 2 点将指定直线方向，如图 2-6 所示。

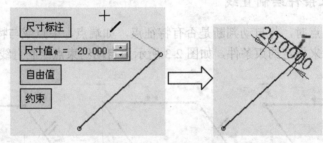

图 2-6 指定尺寸绘制直线

单击"自由值"选项切换为"设置角度值"，可以按指定的角度绘制直线，如图 2-7 所示。

单击"约束"选项可以切换为"标注所有"，使用约束方式将优先自动添加约束条件，如相同角度的直线平行约束与直线长度相等的相同值约束。

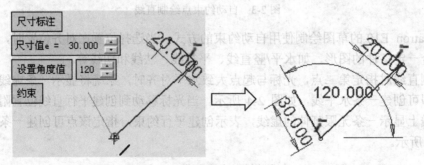

图 2-7 指定角度绘制直线

2.2.2 矩形

单击"草图"工具条中的【矩形】图标▭，可以进行矩形的绘制。

通过指定两对角点可以绘制矩形，如图 2-8 所示；也可以指定矩形的高度与宽度，再指定中心点生成矩形，如图 2-9 所示。

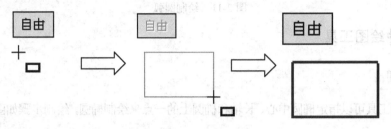

图 2-8　两点绘制矩形

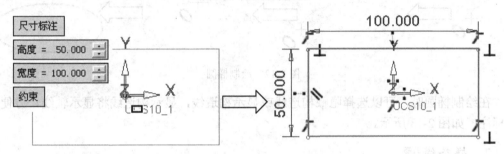

图 2-9　尺寸标注方式绘制矩形

2.2.3　圆与圆弧

1. 圆◯

绘制圆时，可以使用自由方式，指定第 1 点为中心、第 2 点为圆上一点来确定圆。绘制步骤如图 2-10 所示。也可以先指定直径或半径值，再指定中心绘制圆。绘制圆时，系统也会按照自动约束条件判断进行约束提示，如绘制切圆等。

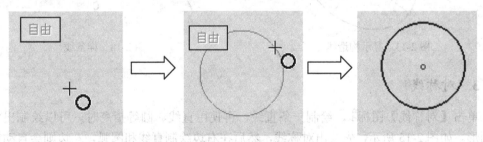

图 2-10　自由方式绘制圆

2. 圆弧◠

可通过指定 3 点的方式来完成圆弧的绘制，指定点的顺序为起点、终点和弧上一点，如图 2-11 所示。

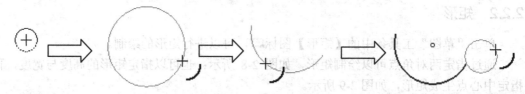

图 2-11　绘制圆弧

2.2.4　其他绘图工具

1．椭圆

利用椭圆工具可以指定椭圆中心、长轴和椭圆上的一点来绘制椭圆，绘制步骤如图 2-12 所示。

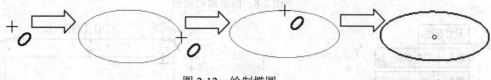

图 2-12　绘制椭圆

在绘制椭圆时，可以选择隐藏构造线或显示构造线，显示构造线将显示轴线，方便进行标注，如图 2-13 所示。

2．样条线

样条线工具用于通过定义点绘制光滑的曲线。如图 2-14 所示，指定点 A、B、C、D 和 E，单击鼠标中键完成样条线的绘制。

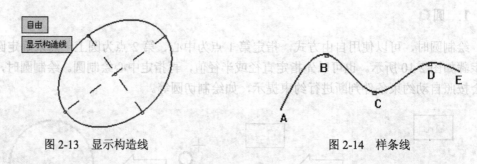

图 2-13　显示构造线　　　　　　　　　　图 2-14　样条线

3．对称线

单击【对称线】图标，绘制一条直线，再使用直线、圆等指令时，可以绘制出对称的图形。如图 2-15 所示，先绘出对称线，然后在右边绘制直线和圆弧，左边则会自动生成对称的图形。

> **提示：** 对称线是无限延伸的。对称中心线是参考线，只在草图中显示。选择对称线功能后，可以选择原先已存在的对称线。

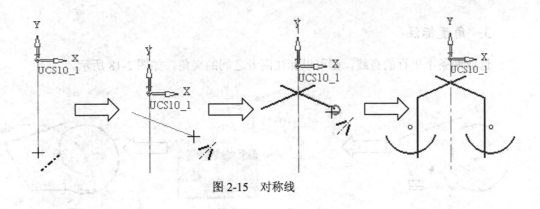

图 2-15　对称线

2.3　尺　寸　标　注

绘制草图曲线后，即可进行尺寸标注。单击工具栏中的【尺寸】图标⊟，可以进行连续标注。尺寸标注采取智能标注的方法，可以对直线长度、距离、圆弧半径、直线夹角等进行标注。系统将自动判断拾取点的位置确定标注样式。

对于标注的尺寸，可以通过拖动调节其位置，单击或双击进行尺寸的修改。

下面介绍几种常用的尺寸标注。

1. 直线长度标注

选择一条直线，然后在空白处指定一点为尺寸线位置标注直线长度，在弹出的对话框中输入数值，即完成尺寸约束，曲线图形会按指定的尺寸调整，如图 2-16 所示。

图 2-16　直线长度标注

2. 两点尺寸标注

选择两个点时，指定的尺寸线位置将影响尺寸标注为水平尺寸还是竖直尺寸，如图 2-17 所示。

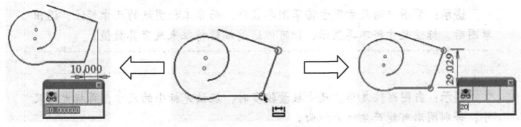

图 2-17　两点尺寸标注

3. 角度标注

选取两条不平行的直线，则可以标注两者之间的夹角，如图 2-18 所示。

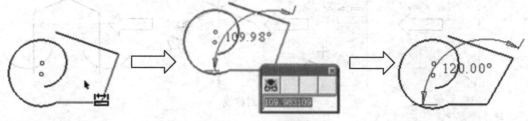

图 2-18　角度标注

4. 圆弧标注

选择一个圆弧，再在空白处指定标注位置，即可标注圆弧的半径尺寸，如图 2-19 所示。选择圆时将标注直径尺寸。

5. 距离标注

选择两条平行直线、一个点与一条直线或一条直线与一个圆弧，则可以标注两者之间的距离，如图 2-20 所示。

> **提示：** 当某一标注尺寸显示为橙色时，表示有过约束现象，已有尺寸或约束条件存在，并且后标注的尺寸将不能驱动图形。

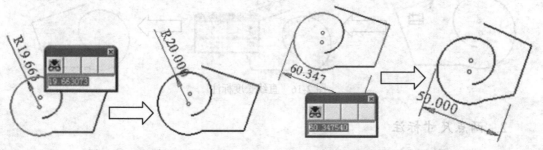

图 2-19　圆弧标注　　　　　　　　　　　图 2-20　标注距离

> **提示：** 草图中的尺寸用于将草图参数化，而非工程图纸的尺寸标注，退出草图后，标注尺寸将不再显示，但可以通过编辑特征来改变其数值。

> **提示：** 当图形较复杂、尺寸数量较多时，应该先标小的尺寸，再标大的尺寸，否则图形可能产生极大扭曲。

2.4 草图曲线绘制示例

完成一个如图 2-21 所示的 R 字形草图设计。

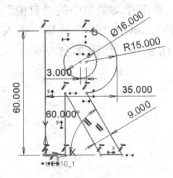

图 2-21 示例

➡ **启动 Cimatron E10** 选择【新建文件】命令,再在弹出的对话框中选择单位为"毫米",双击零件图标,创建一个新零件文件。

➡ **进入草图** 单击工具栏中的【草图】图标,进入草图绘制状态。

➡ **绘制直线** 单击【直线】图标,移动光标拾取原点,再选择上方对齐位置拾取一点,绘制一条竖直线。在右方对齐位置指定一点绘制水平线,如图 2-22 所示。

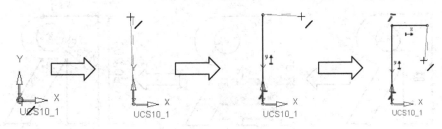

图 2-22 绘制直线 1

> **提示**:绘制水平/竖直线时,显示虚线表示对齐。

➡ **绘制圆弧** 单击【圆弧】图标,移动光标到正下方位置指定一点为圆弧的端点,再移动光标,当水平直线变为虚线时拾取一点,绘制一段相切圆弧,如图 2-23 所示。

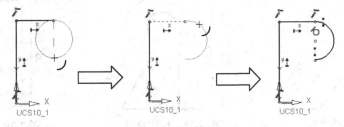

图 2-23 绘制圆弧

➜ **绘制直线** 单击【直线】 ＼图标移动光标拾取圆弧的下端点，再在右下方与原点对齐位置拾取一点，绘制一条倾斜的直线；在左方对齐位置指定一点绘制水平线；在左上方选择与前一倾斜直线平行，并且与圆弧下端点水平对齐的位置绘制平行线；在正下方与原点对齐位置指定点绘制竖直线；拾取原点绘制水平直线，如图 2-24 所示。

➜ **绘制圆** 单击【图】 ○图标单击浮动菜单中的"自由"选项切换为"尺寸标注"，单击"半径"选项切换为"直径"，单击"D="选项，输入"16"，拾取与圆弧的圆心水平对齐的一点，绘制直径为 16 的圆，如图 2-25 所示。

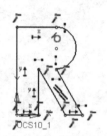

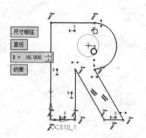

图 2-24 绘制直线 2   图 2-25 绘制圆

> **提示：** 指定圆心时，容易产生不必要的约束，包括与下方的直线相切、圆心点在直线上等，可以将绘图区作局部放大，避免自动约束。

➜ **标注长度尺寸** 单击【尺寸】图标 凵，进行尺寸标注。标注左侧的竖直线长度尺寸为 60，则直线将自动以该尺寸驱动，如图 2-26 所示。

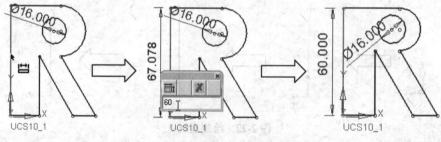

图 2-26 标注长度

➜ **标注半径尺寸** 标注圆弧半径为 15，如图 2-27 所示。

➜ **标注角度尺寸** 选择底部水平线与右侧的倾斜线，标注夹角为 60°，如图 2-28 所示。

➜ **标注距离尺寸** 标注两条平行的倾斜直线间的距离尺寸为 9，如图 2-29 所示。

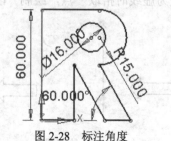

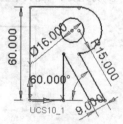

图 2-27 标注半径   图 2-28 标注角度   图 2-29 标注距离 1

标注圆的圆心与圆弧的圆心间的距离尺寸为 3，如图 2-30 所示。

标注左侧的竖直线与圆弧的距离尺寸为 35，如图 2-31 所示。

> **提示**：如果原始尺寸与实际尺寸相差较大，则图形有可能发生很大的变形，此时可以调整尺寸标注的顺序。

> **提示**：完成的草图最好是所有对象均显示为紫色，以避免结构特征和尺寸遗漏。

➡ **退出草图**　单击【退出草图】图标，完成草图的绘制。在绘图区中显示的草图如图 2-32 所示。同时在特征树上将显示"草图 11"。

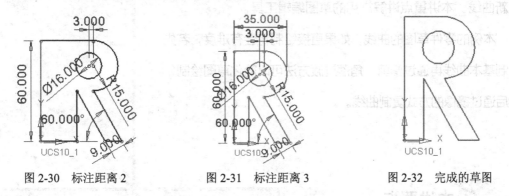

图 2-30　标注距离 2　　　　图 2-31　标注距离 3　　　　图 2-32　完成的草图

➡ **保存文件**　单击工具栏中的【保存】图标，在弹出的"Cimatron E 浏览器"窗口中输入文件名"T2"，保存文件。

复习与练习

完成如图 2-33 所示的草图设计。

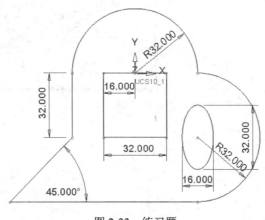

图 2-33　练习题

第 3 讲 草图曲线编辑与操作

在草图创建中，经常使用一些编辑工具来修整绘制的曲线或者进行过渡，也会参照现有曲线来进行偏移或者变换产生新曲线。本讲重点讲解常用的草图编辑工具。

本例的零件草图的曲线，如果直接绘制将会有难度，若先绘制基本曲线再通过修剪、角落过渡方法可以简化草图绘制，然后通过镜像的方式复制曲线。

 **本讲要点**

 📖 偏移

 📖 角落处理

 📖 动态修剪

 📖 修剪/延伸

 📖 镜像

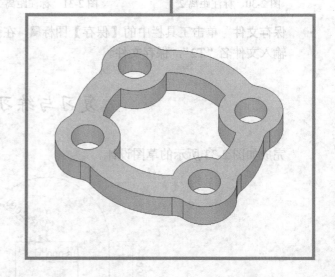

3.1　偏　移

应用"偏移"功能可以创建与原曲线对应的曲线。偏移直线将是平行且等长的，偏移圆弧则是同心等角度的。

单击【偏移】图标 ，选择要偏移的曲线，再单击鼠标中键完成选择，在浮动菜单中设置参数，在特征向导中单击【确定】图标，即可创建偏移的曲线，如图 3-1 所示。

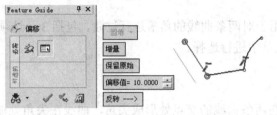

图 3-1　偏移

1. 增量/根据拾取

以"增量"方式偏移曲线需要指定偏移值，并且可以反转偏移方向；"根据拾取"方式则需要指定偏移对象要通过的点，如图 3-2 所示。

2. 保留原始/删除原始

进行偏移时，可以设置是"保留原始"还是"删除原始"。使用"删除原始"方式时，原曲线将被删除，如图 3-3 所示。

图 3-2　"根据拾取"偏移　　　　　　图 3-3　保留原始/删除原始

3. 偏移角落处理

当选择了多条连续的曲线时，"偏移角落处理"方式被激活，可以选择以下 4 种方式。如图 3-4 所示为不同方式的角落处理示例。

（1）无延伸。将每一曲线单独作偏移。

（2）尖角－自然延伸。曲线将延伸到交点位置。

（3）尖角－线型延伸。曲线将以切线方式延伸到交点位置。

（4）圆角。在交点位置将以圆角过渡。

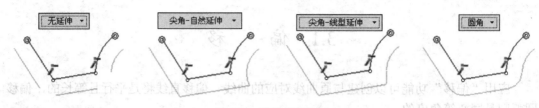

图 3-4　偏移角落处理

3.2　角落处理

"角落处理"功能用于对两条曲线的角落进行过渡，包括 3 个选项，分别是尖角、圆角和斜角，可以在浮动菜单中进行选择。

1．尖角

"尖角"选项用于在两条曲线的交点处形成尖角，曲线在尖角处被裁剪或延伸。

单击【角落处理】图标⌐，在浮动菜单中选择"尖角"选项，再拾取两条曲线，即形成尖角，如图 3-5 所示。

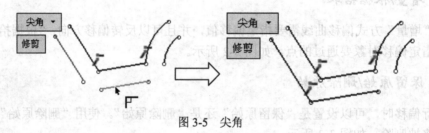

图 3-5　尖角

2．圆角

"圆角"选项用于在两条曲线之间进行给定半径的圆弧光滑过渡。选择"圆角"选项，再指定半径值，即可选择两条曲线进行倒圆角，如图 3-6 所示。

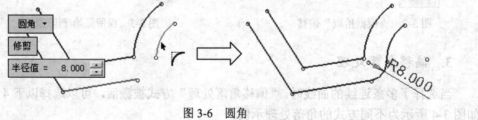

图 3-6　圆角

3．斜角

"斜角"选项用于在给定的两条曲线之间进行倒角过渡。选择"斜角"选项，再指定距离值，即可选择两条曲线进行倒斜角，如图 3-7 所示。

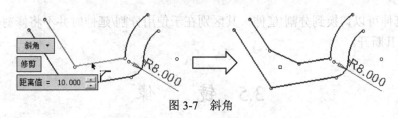

图 3-7 斜角

在角落处理时，可以切换"修剪"和"不修剪"选项。选择"修剪"选项时，角落部分的曲线将被裁剪；选择"不修剪"选项时，则只生成过渡曲线而不修剪原曲线。

3.3 动态修剪

"动态修剪"功能可以快速修剪多余的线段，是最为常用的一个草图工具。单击"草图"工具条中的【动态修剪】图标✂，当移动光标到图形上时，系统将自动判断最近的交点并高亮显示被修剪的部分，直接单击即可进行修剪，如图 3-8 所示。

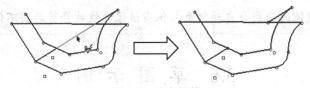

图 3-8 动态修剪

> 📢 **提示**：修剪的曲线上无交点或最近的交点即为端点时，该曲线将被删除。

3.4 修剪/延伸

"修剪/延伸"功能可以用一个边界来修剪多个曲线。单击"草图"工具条中的【修剪/延伸】图标后，选择要修剪或延伸的曲线，单击鼠标中键完成选择，再选择修剪边界线，然后确定修剪方向，最后单击特征向导中的【确定】图标✔，即可进行修剪/分割或延伸，如图 3-9 所示。

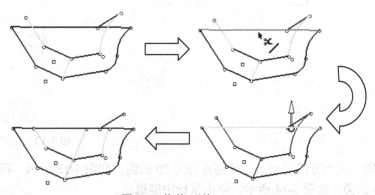

图 3-9 修剪/延伸

修剪/延伸可以切换到分割/延伸，其区别在于使用分割/延伸时并不将修剪侧的线段删除，只是将其断开。

3.5　镜　像

选择图素后，单击【镜像】图标 ⚮，再选择一条直线或者指定两个点，即可进行镜像，产生对称的图素，如图 3-10 所示。

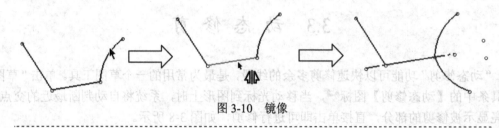

图 3-10　镜像

> 📢 **提示**：镜像的曲线会自动约束，但当镜像的线被修剪后将不保持约束。

3.6　草　图　示　例

创建如图 3-11 所示的草图。

➡ **进入草图**　启动 Cimatron E10，新建零件文件，进入草图绘制状态。

➡ **绘制对称线**　单击【对称线】图标 ⁝，通过原点，绘制竖直的对称线，如图 3-12 所示。

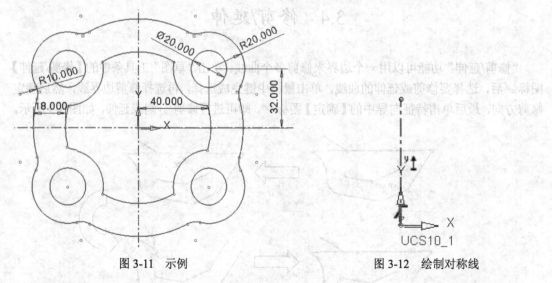

图 3-11　示例　　　　　　　　　　　图 3-12　绘制对称线

➡ **绘制圆**　在上方指定一点，绘制直径为 20 的圆，如图 3-13 所示。再绘制同心的直径为 40 的圆，如图 3-14 所示。单击鼠标中键退出。

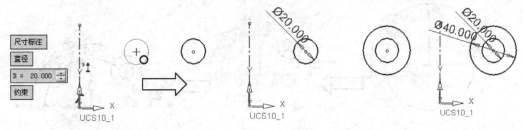

图 3-13　绘制对称圆　　　　　　　　　　图 3-14　绘制圆 1

➡ **绘制圆**　采用"自由"方式，以原点为圆心，显示的虚线圆在前一组同心圆之间时指定一点绘制圆，如图 3-15 所示。

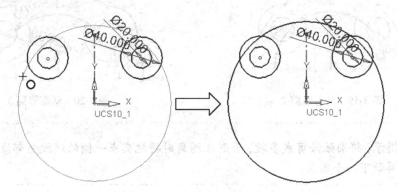

图 3-15　绘制圆 2

➡ **偏移曲线**　单击【偏移】图标 ⎤，将前一圆往内部偏移 18，如图 3-16 所示。
➡ **绘制对称线**　绘制一条水平的对称线，如图 3-17 所示。

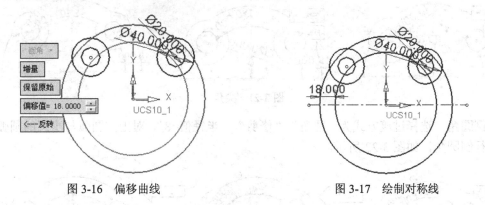

图 3-16　偏移曲线　　　　　　　　　　图 3-17　绘制对称线

 提示：对称线可以作为修剪曲线时的参考线。

➡ **动态修剪**　单击【动态修剪】图标 ✂，修剪圆在水平对称线以下的部分，如图 3-18 所示。再修剪 $\phi40$ 的圆将其断开，如图 3-19 所示，修剪偏移的两圆在 $\phi40$ 圆内的部分，如图 3-20 所示。

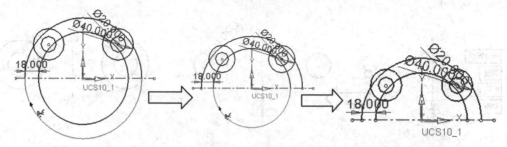

图 3-18　动态修剪 1

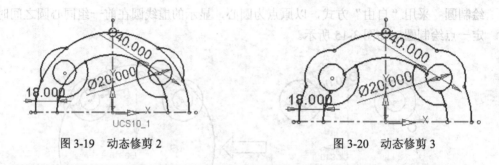

图 3-19　动态修剪 2　　　　　　　　　　　　　图 3-20　动态修剪 3

> **提示：** 将圆弧修剪成多段，否则在圆角时将把交点一侧的线段全部修剪掉，不能再做下一个圆角。

➜ **角落处理**　单击【角落处理】图标 ⬚，将下方半圆圆弧与左边小圆圆弧的下部进行尖角处理，如图 3-21 所示。

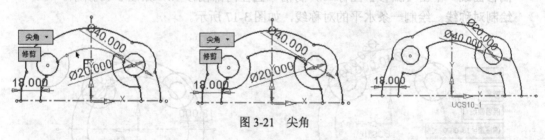

图 3-21　尖角

➜ **倒圆角**　选择过渡方式为"圆角"、"修剪"、"半径值=8"，对上方圆弧与小圆的圆弧进行倒圆角，如图 3-22 所示。

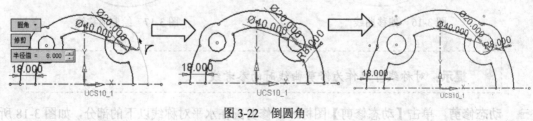

图 3-22　倒圆角

> **提示：** 连续倒相同半径的圆角将自动作等半径约束。

➜ **标注尺寸**　单击【尺寸】图标▣，标注偏移后的圆弧半径为 40，如图 3-23 所示。标注圆心点与原点的水平距离为 40，垂直距离为 32，如图 3-24 所示。

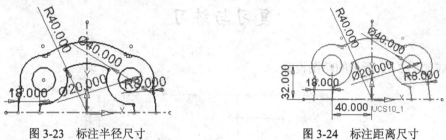

　　　　图 3-23　标注半径尺寸　　　　　　　　　　　图 3-24　标注距离尺寸

> 📣 **提示**：选择两点标注尺寸时，尺寸线的位置将决定所标的尺寸为水平距离还是垂直距离。

➜ **镜像**　框选所有圆弧，单击【镜像】图标◢，选择水平对称线，生成镜像图形，如图 3-25 所示。

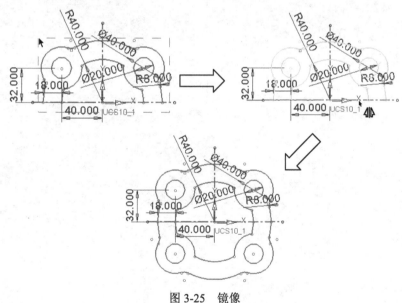

图 3-25　镜像

➜ **退出草图**　退出草图，在绘图区中显示的草图如图 3-26 所示。

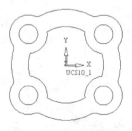

图 3-26　完成的草图

➡ **保存文件** 指定文件名称为"T3"，保存文件。

复习与练习

完成如图 3-27 所示的草图设计。

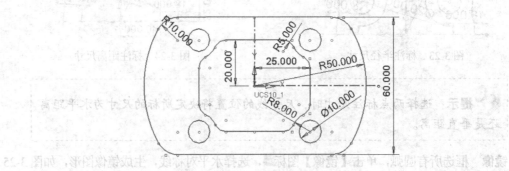

图 3-27 练习题

第 4 讲 草图约束

通过草图的约束功能，草图对象能够随给定的条件自动变化。除了绘制、编辑与约束工具以外，草图环境还包括其他一些辅助工具。本讲重点讲解如何增加约束。

本例零件需要 3 个草图，每一草图都需要完全约束，需要用到的约束包括相切、一致、等半径、相同 X、水平、同心等。增加约束后，所需标注的尺寸较少，而且在修改零件尺寸时，可以保持相对位置关系不变。

本讲要点

📖 增加约束

📖 删除约束

📖 其他草图工具的应用

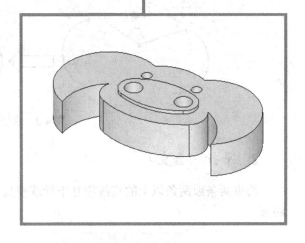

4.1　增　加　约　束

几何约束与尺寸驱动是参数化绘图的基本手段，通过几何约束可以确定各图素之间的关系，如相切、平行、垂直、重合、同心、对齐等，再配合尺寸约束，可以方便地进行尺寸的修改来调整对象的位置与大小。

> 提示：Cimatron E10 允许未完全约束的草图参与特征创建。

单击"草图"工具条中的【增加约束】图标，可以打开如图 4-1 所示的"增加约束"工具条。在草图中选择图素后，可用的约束选项就会高亮显示，按需要进行选择即可。

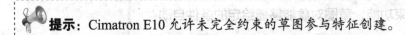

图 4-1　"增加约束"工具条

1．水平／竖直

约束直线为水平或者竖直直线，如图 4-2 所示为对直线的水平约束。

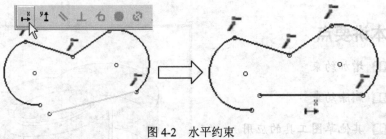

图 4-2　水平约束

2．平行／垂直

约束两条或两条以上的直线相互平行或垂直，如图 4-3 所示为选择两条直线进行平行约束。

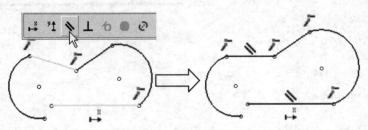

图 4-3　平行约束

3．相切

约束直线或圆与圆弧相切，如图 4-4 所示。

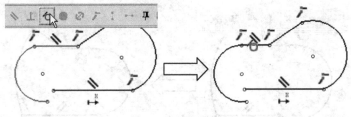

图 4-4　相切约束

4．同心

约束两个或多个圆弧的圆心为同一点，如图 4-5 所示。

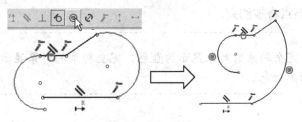

图 4-5　同心约束

5．相同值

约束直线长度相等、圆弧直径相等，如图 4-6 所示。

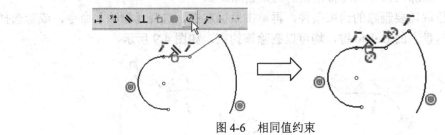

图 4-6　相同值约束

6．一致

约束点与点、点与曲线、直线与直线重合，如图 4-7 所示。

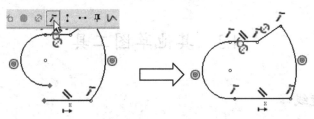

图 4-7　一致约束

7. 相同 X /相同 Y

约束两点或多点具有相同的 X（Y）值，如图 4-8 所示。

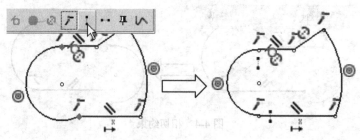

图 4-8　相同 X 约束

8. 固定

固定一个点，该点将被约束。

> **提示**：未完全约束的对象显示为蓝色，完全约束的对象显示为紫色，过约束的对象显示为红色。

4.2　删　除　约　束

若绘制图形时使用了错误的自动约束或者增加约束时增加了不必要的约束，将产生过约束。可通过"删除约束"功能将错误的约束删除。

在图形上拾取需要删除的约束条件，再单击鼠标右键，选择【删除】命令，或者选择约束条件后按键盘上的 Delete 键，均可以删除该约束，如图 4-9 所示。

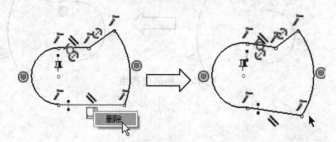

图 4-9　删除约束

4.3　其他草图工具

1. 改变构造线

"改变构造线"功能用于将实体生成中不必要的图素变更为参考线。选择图形后，单击

【改变构造线】图标 ⬚，即可在参考线与结构线之间变换，如图 4-10 所示。参考线在图形上显示为虚线。

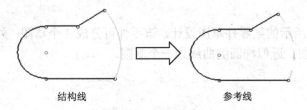

结构线　　　　　　　　　　参考线

图 4-10　参考线与结构线

📢 **提示**：参考线可以用做裁剪的边界，并可以进行圆角过渡等操作。

2. 增加几何

"增加几何"功能可将已存在图素关联到当前草图中，常用于草图与原先的实体有共同边线存在的情况，可以保证其一致性。

增加几何的方式有"相交"和"投影"两种。使用"投影"方式可以将已有曲线或者实体的边缘投影到当前草绘平面上；使用"相交"方式可以创建曲面与当前草图平面的交线。

单击【增加几何】图标 ⬚，拾取图素即可在当前草图创建曲线，如图 4-11 所示。

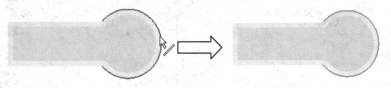

图 4-11　增加几何

3. 增加参考 ⬚

"增加参考"功能与"增加几何"相似，但只能使用"投影"方式，并且产生的对象为参考线，如图 4-12 所示。

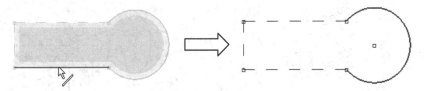

图 4-12　增加参考

📢 **提示**：通过"增加几何"或者"增加参考"方式产生的图素将与原图形关联，当原图形发生变化时，草图中的对应图素也将改变。

4.4　草图绘制示例

完成如图 4-13 所示的某零件草图设计。该零件可分成 3 个草图：外形为一个草图；中间 4 个孔为一个草图；近似椭圆的曲线为一个草图。

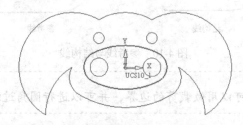

图 4-13　示例

➡ **进入草图**　启动 Cimatron E10，新建文件并进入草图。

➡ **绘制圆**　在原点绘制直径为 60 的圆，如图 4-14 所示。

➡ **绘制对称线**　过原点绘制一条对称线，如图 4-15 所示。

➡ **设置约束过滤器**　取消选中"相切"复选框，如图 4-16 所示。

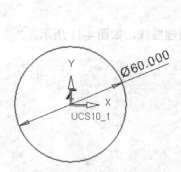

图 4-14　绘制圆

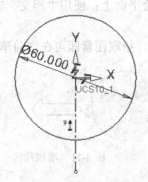

图 4-15　绘制对称线

图 4-16　"约束"对话框

➡ **绘制圆**　以圆与 X 轴的交点为圆心点，绘制一组对称的圆，如图 4-17 所示。再选择两个圆的交点为圆心点绘制圆，如图 4-18 所示。

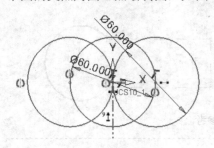

图 4-17　绘制圆 1

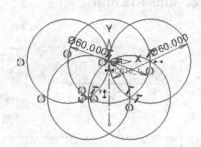

图 4-18　绘制圆 2

➡ **动态修剪**　将不需要的圆弧段修剪掉，如图 4-19 所示。

➡ **删除尺寸标注**　删除右侧直径尺寸"$\phi 60.000$"，如图 4-20 所示。

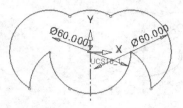

图 4-19 动态修剪

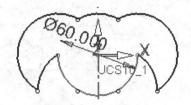

图 4-20 删除尺寸

➡ **增加约束** 选择圆弧,增加"相同值"约束,使所有圆弧等半径,如图 4-21 所示。

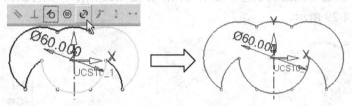

图 4-21 增加约束

➡ **绘制圆弧** 选择下方圆弧的左右方各一点,再指定下方任意一点绘制圆弧,如图 4-22 所示。

➡ **改变构造线** 选择下部的圆弧,将其变为参考线,以虚线显示,如图 4-23 所示。

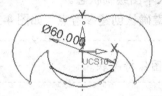

图 4-22 绘制圆弧

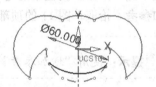

图 4-23 改变构造线

➡ **绘制圆弧** 如图 4-24 所示选择起点、终点和圆弧上的一点绘制圆弧。

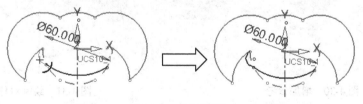

图 4-24 绘制圆弧

➡ **增加约束** 选择两条相邻圆弧,增加"相切"约束;选择底部圆弧的两端点,指定为"相同 Y"约束;选择底部圆弧的圆心与顶部圆弧,指定为"一致"约束,如图 4-25 所示。

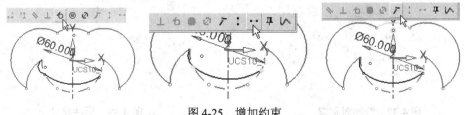

图 4-25 增加约束

➡ **镜像** 选择小圆弧,进行镜像;以对称线为镜像线生成镜像图形,如图 4-26 所示。

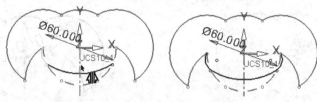

图 4-26　镜像

➔ **标注尺寸**　标注下方圆弧半径为 50，如图 4-27 所示。

➔ **退出草图**　退出草图绘制状态，显示的图形如图 4-28 所示。在特征树中将显示"草图 11"，如图 4-29 所示。

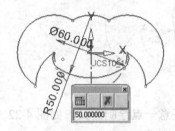
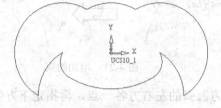
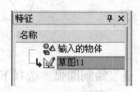

图 4-27　标注尺寸　　　　　　图 4-28　完成的草图 11　　　　　　图 4-29　特征树

➔ **进入草图**　单击工具栏中的【草图】图标☑，进入草图绘制状态。

➔ **增加参考**　拾取草图 11 的顶部交点，单击鼠标中键确认创建参考点，如图 4-30 所示。

提示：使用"增加参考"功能可以使两个草图保持关联。

➔ **绘制对称线**　过原点绘制一条对称线，如图 4-31 所示。

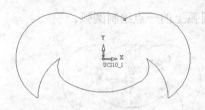
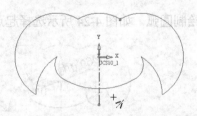

图 4-30　增加参考　　　　　　　　　　　　　图 4-31　绘制对称线

➔ **绘制圆**　以与参考点和原点对齐的点为圆心，绘制一组直径为 10 的圆，再在上方指定一点绘制一组直径为 6 的圆，如图 4-32 所示。

➔ **标注尺寸**　标注两圆心间的竖直尺寸为 16，如图 4-33 所示。

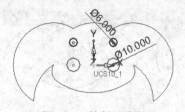
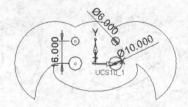

图 4-32　绘制对称圆　　　　　　　　　　　图 4-33　标注尺寸

➔ **退出草图**　退出草图绘制状态，显示的图形如图 4-34 所示。

➜ **进入草图** 单击工具栏中的【草图】图标，进入草图绘制状态。

➜ **增加参考** 选择草图 11 的底部圆弧与草图 12 的两个较大的圆，创建参考线，如图 4-35 所示。

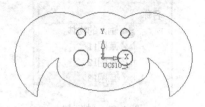

图 4-34 完成的草图 12

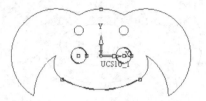

图 4-35 增加参考

➜ **偏移曲线** 将底部的参考线向上偏移 10，如图 4-36 所示。

➜ **改变构造线** 选择偏移产生的参考线，将其变为实线显示的构造线，如图 4-37 所示。

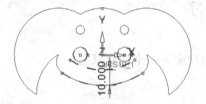

图 4-36 偏移曲线

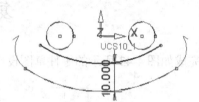

图 4-37 改变构造线

➜ **镜像** 移动光标选择偏移产生的构造线，单击"草图"工具条中的【镜像】图标，选择参考两个圆曲线的圆心点，生成镜像图形，如图 4-38 所示。

➜ **圆角过渡** 拾取镜像对称的两圆弧进行倒圆角 R5，如图 4-39 所示。

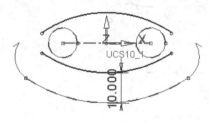

图 4-38 镜像

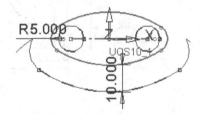

图 4-39 倒圆角

➜ **删除尺寸标注** 选择尺寸"R5.000"，按 Delete 键将其删除。

➜ **增加约束** 选择倒圆角的圆弧与相近的参考圆，增加"同心"约束，并且所有草图完全约束，如图 4-40 所示。

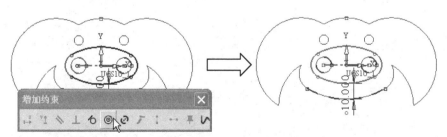

图 4-40 增加约束

➡️ **退出草图**　退出草图，显示的图形如图 4-41 所示。在特征树中将显示"草图 13"，如图 4-42 所示。

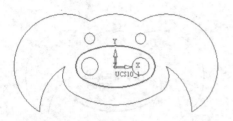

图 4-41　完成的草图 13

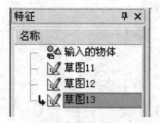

图 4-42　特征树

➡️ **保存文件**　以文件名"T4"保存文件。

复习与练习

完成如图 4-43 所示的零件草图设计，每一封闭轮廓为一个独立草图。

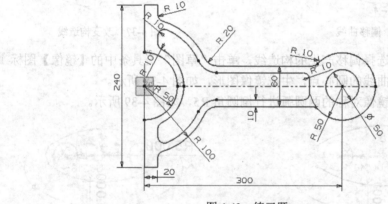

图 4-43　练习题

第5讲 拉伸实体的创建

实体设计是三维造型中最常用的一种方法，而用拉伸方法创建实体则是实际应用最广泛，也是最基础的一种方法。本讲重点讲解拉伸实体的创建步骤及新建、增加与删除实体的应用。

本例零件可以通过多次拉伸进行实体模型的创建，首先新建拉伸创建基座的长方体，再增加顶部的 4 个圆柱、拉伸侧面支架和拉伸凸出的环，然后删除拉伸创建孔和拉伸创建斜凹面。需要注意的是，采用的实体创建方法为新建、增加还是删除，另外还要掌握不同的截面选择方法。

本讲要点

- 拉伸特征的创建
- 新建、增加与删除实体
- 拉伸实体的截面选择
- 拉伸方向设置

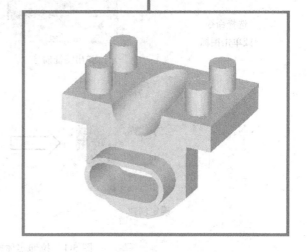

5.1 拉伸特征的创建

在 Cimatron E10 中，可以通过实体设计或曲面设计来完成一个零件的三维设计。通常来说，使用实体设计进行三维零件设计相对于曲面设计来说要直观而且简单。对于常见的机械零件，一般都可以使用实体设计来完成产品的设计。

拉伸实体是最常用也是相对比较简单的一种实体造型方法，它将一个截面沿指定方向延伸生成一个实体。

新建拉伸实体的操作步骤如下。

（1）选择【拉伸】命令，可以从主菜单中选择【实体】→【新建】→【拉伸】命令或者单击工具栏中的【新拉伸】图标 。

（2）选择草图或者封闭曲线。

（3）确认拉伸方向。

（4）设置拉伸选项。

（5）如有必要，设置拔模角参数。

（6）单击特征向导中的【确定】或者【应用】按钮，完成拉伸实体的创建。

整个操作过程如图 5-1 所示。

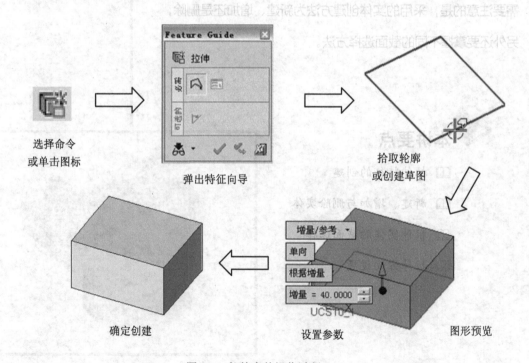

选择命令
或单击图标

弹出特征向导

拾取轮廓
或创建草图

确定创建

设置参数

图形预览

图 5-1 拉伸实体操作过程

> **提示**：在创建实体时，系统将自动预览，预览正确后再确定创建。

提示：Cimatron E10 创建特征时，可以先选择创建轮廓，也可以先选择创建特征命令，再绘制所需的草图。

5.2 新建、增加与删除实体

实体基础特征创建中有 3 种方法，分别是新建、增加和删除。在实体菜单中有这 3 个子菜单，每一个子菜单中又包括 4 或 6 种创建实体的方法，如图 5-2 所示。对应的实体创建操作步骤基本相似。

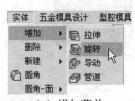
（a）增加菜单

（b）删除菜单

（c）新建菜单

图 5-2 菜单

新建、增加和删除实体可以确定当前创建的实体与原有实体的关系。如图 5-3 所示为使用不同命令创建的长方体与原长方体的关系。

（1）新建。创建一个新的、独立的实体特征，如图 5-3（a）所示。

提示：当前没有实体存在时，只能执行新建操作。

（2）增加。在已有实体上增加部分材料，新建立的实体将与原先的实体结合为一个实体，如图 5-3（b）所示。

提示：Cimatron E10 允许创建的实体与原实体不相交而使用增加的操作。

（3）删除。也称为移除，在已有的实体上切除部分材料，如图 5-3（c）所示。

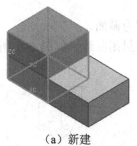
（a）新建

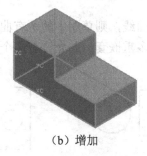
（b）增加

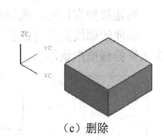
（c）删除

图 5-3 实体命令示意图

5.3 拉伸的截面选择

1. 截面类型

拉伸时选择的截面可以是一个封闭的曲线、组合曲线、面的边界、草图等，其中以草图最为常用。但要注意的是，选择的截面必须是封闭的。

选择截面后再选择拉伸命令即可，如图 5-4 所示。

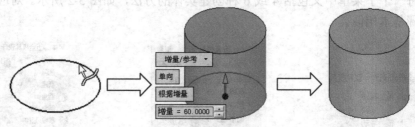

图 5-4　选择截面并拉伸

2. 截面选择

单击拉伸特征向导中的【轮廓】按钮，可以重新选择轮廓，选择完成后单击鼠标中键确认，如图 5-5 所示为重新选择一个面为截面。

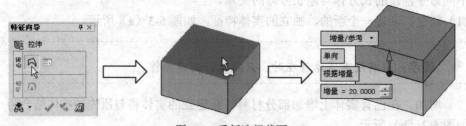

图 5-5　重新选择截面

 提示：创建拉伸特征只能选择一个轮廓，后选择的将替代原先选择的。

3. 草图截面形状

创建拉伸实体时，选择草图曲线，则草图中的所有曲线将作为截面。

拉伸轮廓线允许有嵌套以及多重嵌套，并允许有多个独立的封闭曲线，如图 5-6 所示为允许的截面形状示例。

 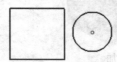

图 5-6　允许的截面形状

拉伸轮廓线不允许有开放段，也不允许有相交叉的封闭曲线，如图 5-7 所示为错误的截面形状示例。

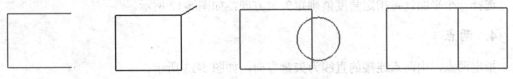

图 5-7　错误的截面形状

提示： 特别需要注意的是，重合的线段将造成开放的轮廓或者自交叉的轮廓。

5.4　拉伸实体的方向设置

创建拉伸实体时，可以选择拉伸的方向，默认的拉伸方向是选择轮廓所在平面的法线方向。拉伸方向在图形上以箭头显示，单击箭头的顶端可以将其反向，如图 5-8 所示。

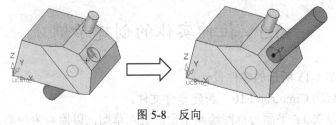

图 5-8　反向

拉伸的方向是由矢量方向所决定的，单击矢量箭头的末端可以打开方向选项，如图 5-9 所示，可以使用不同参考对象进行方向的指定。下面介绍几种常用的矢量指定方法。

1.　沿 X/Y/Z 轴

直接指定坐标轴为矢量方向，如图 5-10 所示为以 X 轴方向作为矢量方向。

2.　沿线/轴

选择一条基准轴或者一条直线，以该直线为矢量方向，如图 5-11 所示。

　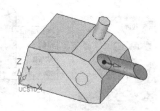　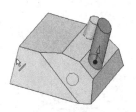

图 5-9　拉伸方向选项　　　　　图 5-10　沿 X 轴　　　　　图 5-11　沿线

3．平面+角度

选择一个平面，再指定角度值确定矢量方向，如图 5-12 所示。

4．两点

指定两点，由两点连接的直线为矢量方向，如图 5-13 所示。

5．圆柱/圆锥中心轴

选择圆柱或者圆锥面，以中心轴线为矢量方向，如图 5-14 所示。

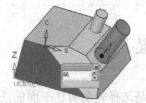 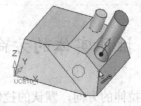 

图 5-12　平面与角度　　　　　图 5-13　两点　　　　　图 5-14　圆柱中心轴

5.5　拉伸实体的创建示例

完成一个如图 5-15 所示的零件设计。

➔ **新建文件**　启动 Cimatron E10，新建零件文件。

➔ **绘制草图**　以 XOY 平面为草图绘制平面，进入草图，以原点为中心，绘制 60×40 的矩形，如图 5-16 所示，完成后退出草图。

 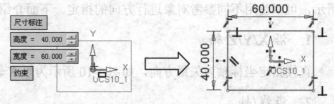

图 5-15　示例零件　　　　　　　　　　图 5-16　绘制草图 1

➔ **新建拉伸**　调整视角为 ISO 视图并调整显示大小。单击【新建拉伸】图标，系统将弹出拉伸特征向导，并默认选择了刚生成的草图，在绘图区中出现浮动菜单显示参数并自动预览一个拉伸实体，如图 5-17 所示。

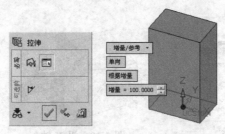

图 5-17　选择"新建拉伸"功能

➡ **设置拉伸参数** 修改"增量=100"将增量改为 10，则图形预览将自动更新，如图 5-18 所示。

➡ **生成实体** 单击特征向导栏中的【确定】按钮生成实体。生成的拉伸实体如图 5-19 所示，而在特征树中将显示"拉伸 12"。

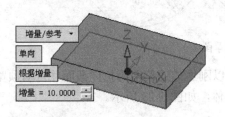

图 5-18 设置拉伸参数

图 5-19 拉伸实体

 提示：这是基础的拉伸实体操作，需要注意的是，拉伸的方向是否正确。

➡ **绘制草图** 选择拉伸实体的上表面，进入草图。在原点绘制 40×20 的矩形，在矩形角落点绘制 4 个直径为 10 的圆，再修改矩形为参考线，创建完成草图，如图 5-20 所示，然后退出草图。

 提示：拉伸截面的草图中可以有多个封闭轮廓。

➡ **增加拉伸实体** 单击【增加拉伸】图标囗，以刚绘制的草图为截面进行拉伸，设置增量值为 10，确定生成实体，如图 5-21 所示。

 提示：使用"增加拉伸"功能，新生成的实体与原实体结合为一个整体。

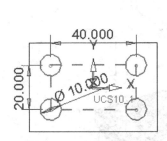

图 5-20 绘制草图 2

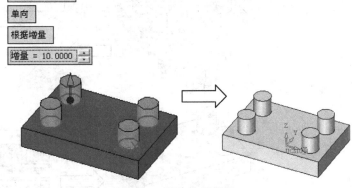

图 5-21 增加拉伸实体 1

➡ **绘制草图** 选择拉伸实体的下方表面，进入草图绘制状态。绘制直线并倒圆角，再标注尺寸，完成的草图如图 5-22 所示，然后退出草图。

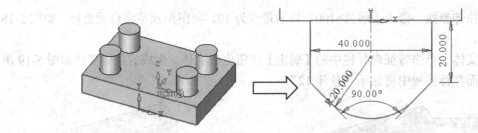

图 5-22　绘制草图 3

➔ **增加拉伸实体**　单击【增加拉伸】图标▣，以刚生成的草图为拉伸截面并自动预览，单击箭头的顶端使其反向，确定生成拉伸实体，如图 5-23 所示。

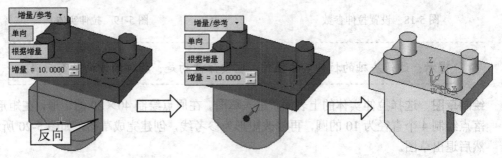

图 5-23　增加拉伸实体 2

➔ **增加拉伸实体**　单击【增加拉伸】图标▣，再单击【草图】图标☑，选择拉伸实体的后侧面，进入草图绘制状态。绘制草图，完成后退出草图，系统直接自动预览，确定生成拉伸实体，如图 5-24 所示。

📢 **提示**：创建拉伸实体选择草图时，可以创建本次拉伸的截面草图。

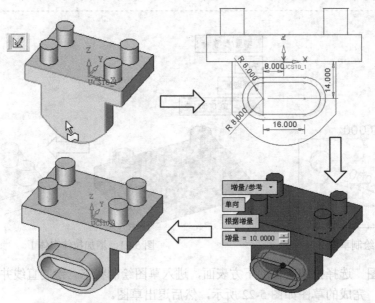

图 5-24　增加拉伸实体 3

→ **删除拉伸实体**　单击【删除拉伸】图标🔲，选择环形拉伸体内底部表面，确定生成拉伸实体，如图 5-25 所示。

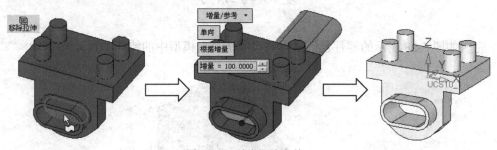

图 5-25　删除拉伸实体 1

> 📢 **提示**：拉伸实体的截面可以是一个面的边缘。

→ **绘制草图**　选择拉伸实体的后侧面，进入草图，绘制一个圆，如图 5-26 所示。
→ **删除拉伸实体**　单击【删除拉伸】图标🔲，选择刚创建的草图，单击箭头的末端，在弹出的方向选项中选择"平面+角度"选项，再选取右侧表面，指定角度为 15，确定生成拉伸实体，如图 5-27 所示。

> 📢 **提示**：拉伸方向不是标准的法线方向时，可以通过指定矢量方向来确定。

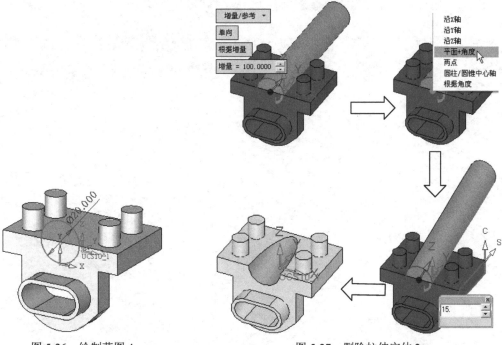

图 5-26　绘制草图 4　　　　　　图 5-27　删除拉伸实体 2

→ **保存文件**　输入文件名"T5"，保存文件。

复习与练习

完成如图 5-28 所示的零件设计（有关尺寸请查看模型中的特征参数）。

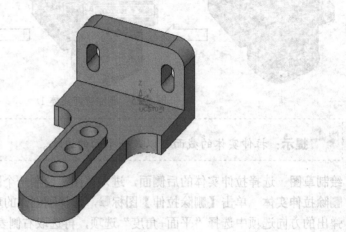

图 5-28 练习题

第 *6* 讲 拉伸参数设置

创建拉伸时最主要的参数设置是增量的设置，在 Cimatron E10 中可以通过多种方式定义增量，还可以定义拔模角可选项。基准平面和基准轴是三维设计中常用的辅助设计工具。本讲重点讲解不同增量设置方法的参数设置及其应用。

本例零件需要进行多次拉伸，半圆筒部分可以进行对称的拉伸，顶部的拉伸要拉伸到圆筒的上表面，方孔部分是贯穿的，圆孔则离内壁有一定的距离，因而需要不同的拉伸增量指定方法；另外顶部凸台侧面有拔模角，而部分拉伸的截面草图需要在辅助的基准面上。

本讲要点

□ 拉伸增量的设置方法

□ 拔模角设置

□ 基准面的创建与应用

□ 基准轴的创建与应用

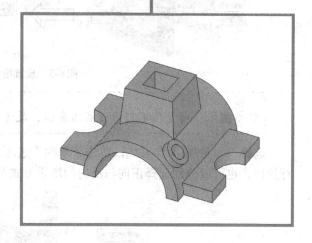

6.1 增　量

拉伸实体除了选择截面以外，还必须指定拉伸的长度。拉伸的长度有多种定义方式，可以在浮动菜单中进行切换。新建拉伸时只能使用"增量/参考"与"中间平面增量"方式；增加拉伸还包括"至最近参考"选项；删除拉伸时可以使用"增量/参考"、"中间平面增量"、"至最近参考"和"通过" 4 种方式，如图 6-1 所示。"增量/参考"方式通过浮动菜单的"根据增量"或"关于参考"进行切换，如图 6-2 所示。

图 6-1　拉伸增量选项

图 6-2　根据增量/关于参考

1．根据增量

选择"增量/参考"方式，再指定为"根据增量"，可指定增量值生成拉伸实体。直接设置增量值为需要拉伸长度即可确定生成实体。单击"增量= "选项，输入增量值并按 Enter 键，图形预览将随之改变，如图 6-3 所示。

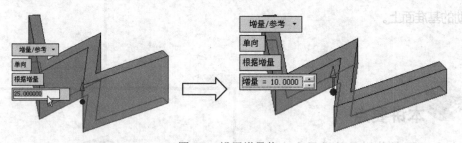

图 6-3　设置增量值

> 📢 **提示**：增量值不可以设置为负值，反方向拉伸时可以单击图形上的箭头。

选择"增量/参考"方式，单击"单向"选项切换为"双向"，可在轮廓的两边同时进行拉伸。也可以分别选择正向与反向的增量方式及增量值，如图 6-4 所示。

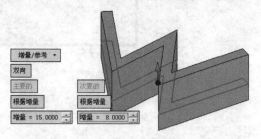

图 6-4　双向增量拉伸

2. 关于参考

选择"关于参考"选项，可拉伸到一个指定的平面或曲面，并可以指定参考面的偏移值。

选择"增量/参考"方式，单击"根据增量"切换为"关于参考"，然后选择一个曲面或平面作为拉伸的参考，系统将产生拉伸实体预览，如图 6-5 所示。

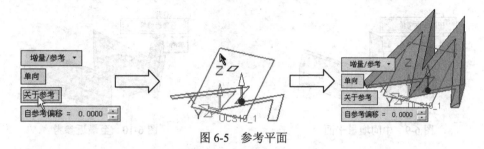

图 6-5　参考平面

当选择的参考为实体表面时，将出现面的选项："作为平面"和"作为物体"。

（1）作为平面。将指定的参考面作为一个无限大的平面，如图 6-6 所示。

（2）作为物体。以指定的参考面和相邻面共同作为拉伸实体的边界，如图 6-7 所示。

图 6-6　作为平面　　　　　　　　　　图 6-7　作为物体

> 提示：使用"作为物体"方式时，如果截面在拉伸方向有部分在物体以外，将不能创建拉伸实体。

使用"关于参考"方式时，还可以设置"自参考偏移"值，将选择的参考面偏移后作为实际的参考面。设置为正值，朝箭头方向扩展；设置为负值，向后回缩，如图 6-8 所示。

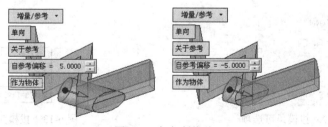

图 6-8　自参考偏移

3. 中间平面增量

选择"中间平面增量"选项，将以轮廓平面为基准向两边拉伸，产生对称的拉伸实体，增量值为两边的总和。选择"中间平面增量"选项，设置增量值为总厚度，如图 6-9 所示。

4. 至最近参考

在增加或删除拉伸时可以使用"至最近参考"方式，系统将自动依据轮廓和拉伸方向拉伸到最近的实体表面，如图 6-10 所示。

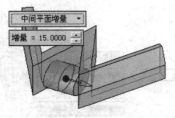

图 6-9　中间增量平面

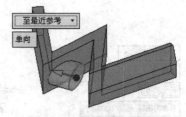

图 6-10　至最近参考

5. 通过

"通过"是删除拉伸独有的增量设置方法，使用"通过"方式可以在拉伸方向无限延伸穿过所有的实体面，并可以采用"双向"方式在两个方向上通过所有实体，如图 6-11 所示。

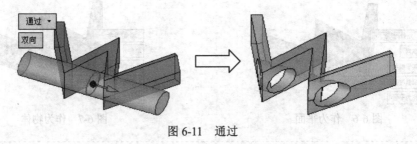

图 6-11　通过

6.2　拔 模 角

创建拉伸实体时，在设定拉伸长度后，还可以设置拔模角，直接生成带有斜度的实体。在特征向导栏中单击【拔模角】按钮，如图 6-12 所示，将出现浮动菜单，如图 6-13 所示。

图 6-12　拔模角可选项

图 6-13　拔模角参数

拔模角可以设置为"内部"或"外部"。内部表示轮廓线为最大部分，朝内部拔模；而外部表示轮廓线为最小部分，朝外部拔模，如图 6-14 所示。

当增量方向为"双向"时，要为两个方向分别设置拔模角，可以设置为不同的侧向，也可以指定不同的角度值，如图 6-15 所示。

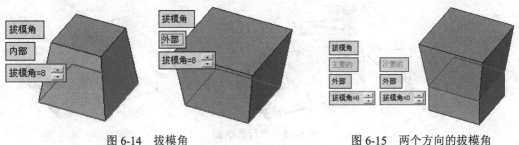

图 6-14　拔模角　　　　　　　　　　　图 6-15　两个方向的拔模角

> **提示：** 对于使用"中间平面增量"、"至最近参考"或"通过"方式并且使用"双向"拉伸的，其拔模方向将是对称的，"次要的"方向设置的拔模角不起作用。

6.3　基 准 平 面

基准平面可以用作建立草图的平面、延伸参考和镜像平面等。在主菜单中选择【基准】→【平面】命令，将出现如图 6-16 所示的子菜单，下面介绍 3 种常用的创建方法。

1．主平面

在坐标系上可生成 XOY、YOZ 和 ZOX 3 个平面。选择"主平面"选项后，在绘图区拾取一个坐标系，再选择生成的"主平面"或 XOY、YOZ、ZOX 中的单个平面，然后单击特征向导栏中的【确定】按钮，生成主平面，如图 6-17 所示。

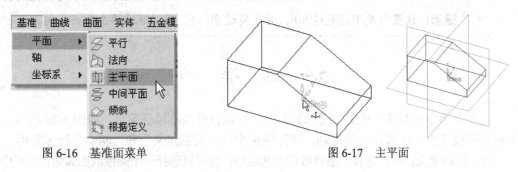

图 6-16　基准面菜单　　　　　　　　　　图 6-17　主平面

> **提示：** 基准面是一个无限扩大的平面，显示的边线并不限制其大小。

2．平行

选择"平行"选项后，在图形区选择一个平面，确定偏移方向并输入增量值，或者直接选择一个点创建平行平面，确定生成平行基准面，如图 6-18 所示。

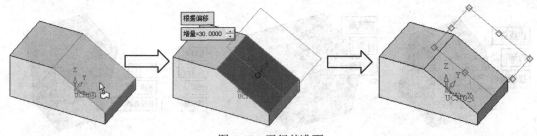

图 6-18　平行基准面

> **提示**：设置的偏移增量不能为负值，方向相反时可以单击箭头的顶端进行切换。

3．倾斜

用于生成一个与已有基准面成一定角度的新的基准面。创建角度基准面与垂直基准面类似，需要选择面、直线，指定角度，确定生成基准面，如图 6-19 所示。

图 6-19　角度基准面

> **提示**：设置角度不能超过 90°，对于超过 90°的，可以通过单击箭头反向。

6.4　基　准　轴

在主菜单中选择【基准】→【轴】命令，可以打开基准轴子菜单，如图 6-20 所示。用户可以通过 5 种方法来建立基准轴，实际应用中以"根据定义"和"相交"最为常用。

（1）根据定义。可以选择一条直线作为基准轴；也可以选择一个圆锥或圆弧面，以其中心线创建基准轴，如图 6-21 所示；还可以通过两点连接成一条直线作为基准轴，如图 6-22 所示。

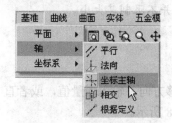

图 6-20　基准轴子菜单

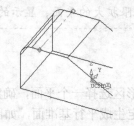

图 6-21　选择圆弧面创建基准轴

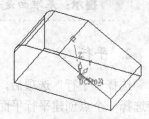

图 6-22　指定两点创建基准轴

（2）相交。以两个平面的相交直线创建一个基准轴。选择该功能后，需要在图形上拾取两个基准面或者平的曲面，确定生成一个基准轴，如图 6-23 所示。

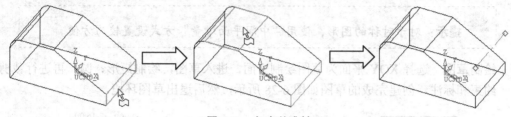

图 6-23　相交基准轴

6.5　拉伸实体的创建示例

设计如图 6-24 所示的实体。

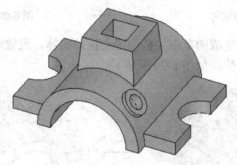

图 6-24　示例

➡ **新建文件**　启动 Cimatron E10，新建零件文件。

➡ **创建主平面**　选择【主平面】命令，拾取坐标系，确定创建 3 个主平面，如图 6-25 所示。

➡ **绘制草图**　选择 XOZ 为草图绘制平面，进入草图，指定尺寸绘制 R20 和 R15 的同心圆，再绘制通过原点的水平线，并做修剪，创建的草图如图 6-26 所示。

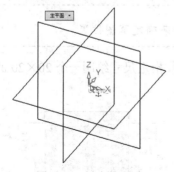

图 6-25　创建主平面

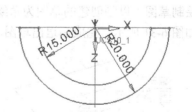

图 6-26　绘制草图 1

 提示：选择 ZOX 平面绘制草图，其方向与正视图是相反的，Z 正向朝下。

➜ **新建拉伸** 以前一草图为截面新建拉伸实体，设置增量方式为"中间平面增量"，增量值为 50，确定生成拉伸实体，如图 6-27 所示。

> 📢 **提示**：对于对称的图形，使用"中间平面增量"方式设置较为方便。

➜ **绘制草图** 选择 XOY 平面为草图绘制平面，进入草图，绘制矩形、圆，再进行裁剪、约束和标注，创建完成的草图如图 6-28 所示，然后退出草图环境。

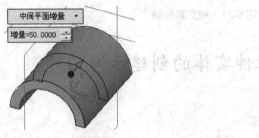

图 6-27 拉伸实体

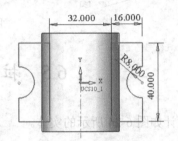

图 6-28 绘制草图 2

➜ **增加拉伸实体** 以刚生成的草图为截面增加拉伸实体，设置增量值为 5，并使箭头朝向上方，确定生成实体，如图 6-29 所示。

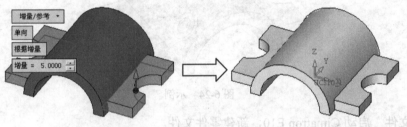

图 6-29 创建拉伸实体

➜ **创建平行平面** 选择主菜单中的【基准】→【平面】→【平行】命令，拾取 XOY 平面，指定偏移增量为 32，确定生成一个平行的基准平面，如图 6-30 所示。

> 📢 **提示**：对于空间上的图形，需要创建基准面来确定草图位置。

➜ **绘制草图** 以刚创建的草图为草绘平面，进入草图，指定尺寸绘制一个 20×20 的矩形，如图 6-31 所示，完成后退出草图。

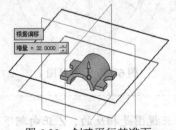

图 6-30 创建平行基准面

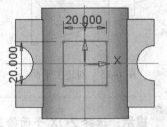

图 6-31 绘制草图 3

➡️ **增加拉伸实体**　选择草图后设置增量选项为"到最近参考",再设置拔模角参数,确定生成实体,如图 6-32 所示。

图 6-32　增加拉伸实体

📢 **提示**:使用"到最近参考"方式直接拉伸到现有实体面上。通过可选项拔模角设置,可以生成侧面带斜度的拉伸实体。

➡️ **删除拉伸实体**　选择【删除拉伸】命令,单击【草图】图标☑,以拉伸实体顶平面为草绘平面,进入草图绘制状态。指定尺寸绘制一个矩形,完成后退出草图。设置增量选项为"通过",确定创建拉伸实体,如图 6-33 所示。

图 6-33　删除拉伸实体

📢 **提示**:删除拉伸切穿部位时使用"通过"方式,原实体变化后保持切穿。

➡️ **创建相交基准轴**　在主菜单中选择【基准】→【轴】→【相交】命令,拾取平行平面与 YOZ 平面,创建相交轴,如图 6-34 所示。

➡️ **创建倾斜基准面**　在主菜单中选择【基准】→【平面】→【倾斜】命令,在图形区拾取平行平面与基准轴,指定角度为 45,确定创建倾斜平面,如图 6-35 所示。

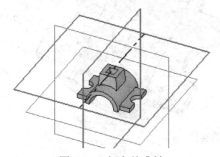

图 6-34　相交基准轴

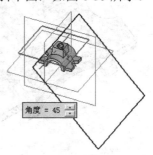

图 6-35　倾斜基准面

➔ **增加拉伸实体** 选择【增加拉伸】命令，单击【草图】图标☑，选择倾斜平面为草绘平面，进入草图。指定尺寸绘制一个圆，并标注尺寸，如图 6-36 所示，完成后退出草图。设置增量选项为"至最近参考"，确定创建拉伸实体，如图 6-37 所示。

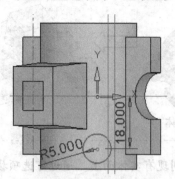

图 6-36　绘制草图 4

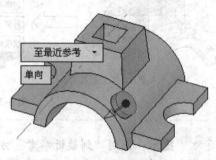

图 6-37　增加拉伸

➔ **删除拉伸实体** 选择【删除拉伸】命令，单击【草图】图标☑，选择刚创建的拉伸实体顶平面为草绘平面，进入草图，增加参考再绘制一个圆，如图 6-38 所示，完成后退出草图。设置增量选项为"增量/参考"，单击"根据增量"切换到"关于参考"，指定自参考偏移为"-3"，拾取半圆柱面，如图 6-39 所示，确定创建拉伸实体。完成的实体从不同视角观察的效果如图 6-40 所示。

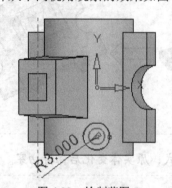

图 6-38　绘制草图 5

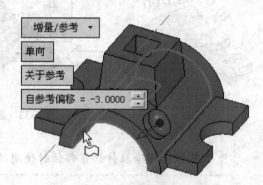

图 6-39　设置拉伸参数

图 6-40　完成的实体

➔ **保存文件** 以文件名"T6"保存文件。

复习与练习

完成如图 6-41 所示的零件设计。

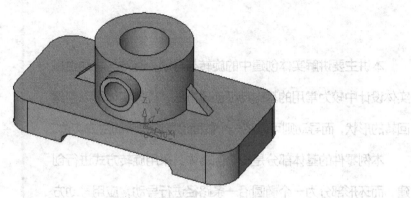

图 6-41 练习题

第 7 讲 旋转与导动

本讲主要讲解实体创建中的旋转与导动，旋转与导动也是实体设计中较为常用的基础特征创建方法，旋转实体可以创建回转的形状，而导动则可以将一个截面沿导向线移动生成实体。

本例零件的基体部分是一个回转体，采用旋转方式进行创建，而环形部分为一个椭圆沿一条路径进行导动，应用导动方式进行创建。

本讲要点

📖 旋转实体的创建

📖 导动实体的创建

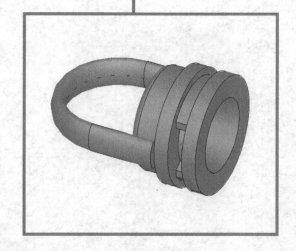

7.1 旋　　转

旋转是以一个封闭的草图绕着中心轴进行旋转建立或删除实体对象。"旋转"方式是新建、增加和删除实体共有的。

1. 旋转实体的创建步骤

创建旋转实体的步骤如下。

（1）选择旋转实体命令。可以从主菜单中进行选择或者单击工具栏中的相应图标。

（2）选择剖面轮廓或者绘制草图。

（3）选择旋转轴。

（4）设置角度选项。

（5）确认实体预览正确后单击特征向导栏中的【确定】或【应用】按钮，即可创建一个旋转实体。

整个操作过程如图 7-1 所示。

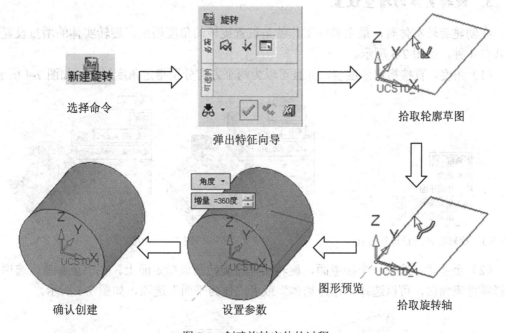

图 7-1 创建旋转实体的过程

> 提示：在编辑旋转特征时，选择草图或者基准轴后需要单击鼠标中键确认。

在实体的新建、增加和删除中都可以使用旋转功能创建实体。新建旋转将创建一个独立的实体；增加旋转可与原实体结合为一个整体；删除旋转从原实体中切除一个旋转的部分，如图 7-2 所示。

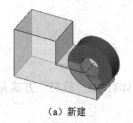
（a）新建

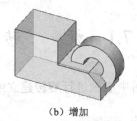
（b）增加

（c）删除

图 7-2   旋转实体

2. 旋转实体的截面与旋转轴选择

创建旋转实体时，选择的旋转截面必须是封闭的，这与创建拉伸实体的截面要求是相同的。但是不能选择实体的面或面的边界作为旋转实体的轮廓。

旋转轴可以是一条直线或草图中的直线，也可以是实体的边界、基准轴。

> 📢 **提示**：旋转轴不能与选择的剖面轮廓相交，否则将提示出错。

3. 旋转实体的增量设置

在创建旋转实体时，最主要的工作就是设置旋转的角度增量。旋转实体的增量设置方式共有 4 种，如图 7-3 所示。

（1）角度。直接指定角度值，并且可以为两个方向分别指定角度增量，如图 7-4 所示。

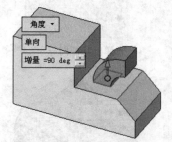

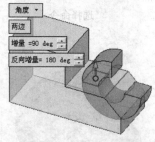

图 7-3   旋转实体增量设置方式   图 7-4   角度

（2）至参考。选择一个参考面，旋转实体将旋转到该指定面上。在"至参考"选项下选择零件表面时，可以选择"作为物体"或者"作为平面"选项，如图 7-5 所示。

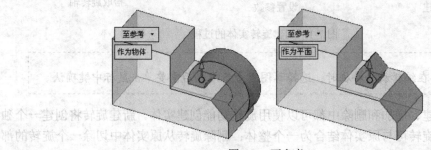

图 7-5   至参考

（3）中间平面。以轮廓截面为中间面，向两侧作相等角度的旋转，如图 7-6 所示。

（4）至最近参考。以旋转体前方最接近的参考面作为旋转增量限制，如图 7-7 所示。

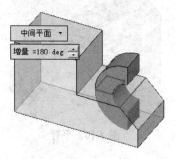

图 7-6　中间平面

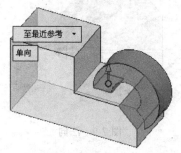

图 7-7　至最近参考

7.2　导　　动

导动是指用封闭的截面曲线沿着一条导向线进行移动构建实体。"导动"方式是新建、增加和删除实体共有的。

创建导动实体时，首先要选择截面，可以是组合曲线或者草图，再选择导向线作为截面的导动轨迹，并且定义断面方向，最后确定生成导动实体，如图 7-8 所示。

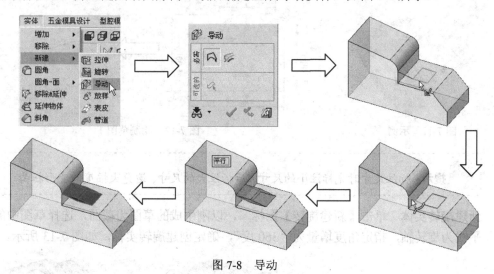

图 7-8　导动

创建导动实体时，截面只能是草图或者组合曲线，不能选用面或者面的边界，而且截面轮廓必须是封闭的，同时不得交叉。

导向线可以选择草图、组合曲线或者边、曲线。导向线可以是封闭的，也可以是开放的，但必须是光顺的，不得有折弯，并且没有与截面所在平面平行的线段。

创建导向时，可以指定处理方式为"法向"或"平行"，采用"法向"方式则截面始终垂直于导向线，如图 7-9 所示；采用"平行"方式则保持截面方向不变，如图 7-10 所示。

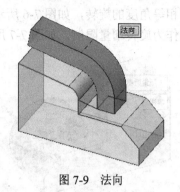

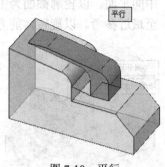

图 7-9　法向　　　　　　　　　　　　　　　图 7-10　平行

7.3　旋转与导动实体的创建示例

创建如图 7-11 所示的零件，这一零件将通过旋转实体、导动实体和拉伸实体的方法进行创建。

➔ **新建文件**　启动 Cimatron E10，新建零件文件。

➔ **绘制草图**　进入草图，绘制曲线并标注尺寸，完成如图 7-12 所示的草图后退出。

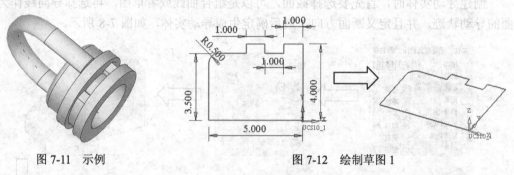

图 7-11　示例　　　　　　　　　　　　　　图 7-12　绘制草图 1

> **提示：** 标注尺寸时先标注小的尺寸，后标注大的尺寸，避免大幅度的变形扭曲。

➔ **新建旋转实体**　单击【新建旋转】图标，以刚生成的草图为截面，选择草图中的水平线为旋转轴，指定角度增量为"360 度"，确定创建旋转实体，如图 7-13 所示。

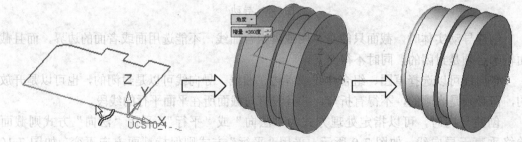

图 7-13　新建旋转实体

提示：创建旋转实体时，先选择截面与旋转轴，再设置旋转角度。

➡ **删除旋转实体** 单击【删除旋转】图标，再单击【草图】图标，单击鼠标中键以 XOY 平面为绘制平面绘制草图，完成后退出草图环境。选择草图中的水平线为旋转轴，确定创建一个删除旋转特征，如图 7-14 所示。

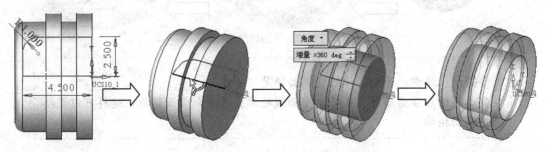

图 7-14 删除旋转实体 1

➡ **绘制草图** 以 XOY 平面为草图绘制平面，通过增加参考，绘制直线、圆弧，并约束、标注进行草图绘制，如图 7-15 所示，完成草图后退出。

提示：所绘制的导动线轮廓是开放的。
使用"增加参考"工具，可使设计的各特征保持关联。

➡ **绘制草图** 以旋转产生的左侧第一个台阶平面为草图平面，进入草图，增加参考、绘制椭圆并标注尺寸，如图 7-16 所示，完成草图后退出。

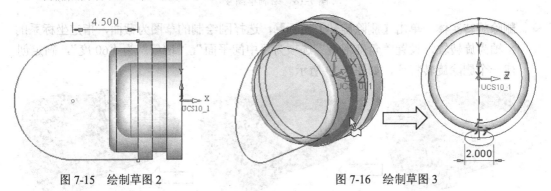

图 7-15 绘制草图 2　　　　　　　　　　图 7-16 绘制草图 3

提示：草图平面选择零件上的平面，这将是导动实体的起始位置。
绘制导动实体的截面线，必须是封闭的。

➡ **增加导动实体** 在菜单中选择【实体】→【增加】→【导动】命令，选择刚绘制的椭圆为截面轮廓；选择前面的 U 形草图为导动线，确定创建导动特征，如图 7-17 所示。

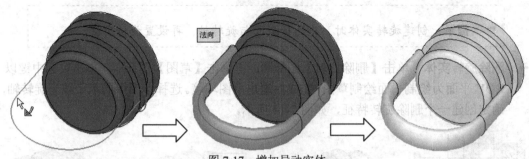

图 7-17　增加导动实体

> **提示**：注意，导动实体的选项必须是"法向"。
> 绘制草图时应注意顺序，先绘制导动线轮廓，再绘制截面轮廓，这样可以直接选中截面轮廓。

➡ **绘制草图**　以 XOY 平面为草图绘制平面，进入草图，通过增加参考、绘制矩形创建草图，如图 7-18 所示，完成草图后退出。

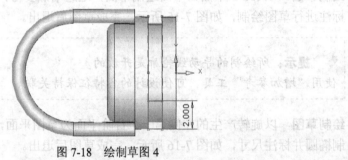

图 7-18　绘制草图 4

➡ **删除旋转实体**　单击【删除旋转】图标，选择刚绘制的草图为截面，指定坐标系的 X 轴为旋转轴，设置"角度增量"选项为"中间平面"，"增量"为"60 度"，确定创建一个删除旋转特征，如图 7-19 所示。

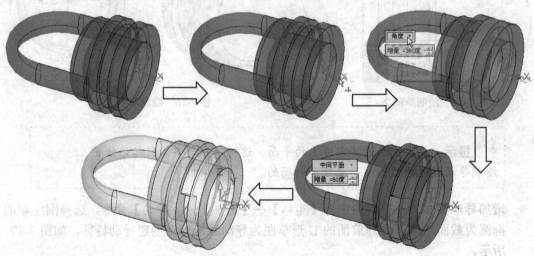

图 7-19　删除旋转实体 2

提示：使用"中间平面"方式创建旋转特征。

　提示：旋转轴可以不在草图上，可以选择坐标主轴作为旋转中心。

➡　**绘制草图**　以 XOY 平面为草图绘制平面，进入草图，通过增加参考、绘制矩形、标注尺寸创建草图，如图 7-20 所示，完成草图后退出。

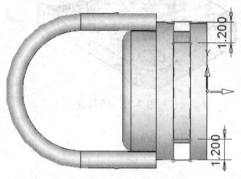

图 7-20　绘制草图 5

➡　**删除拉伸实体**　单击【删除拉伸】图标⊡，选择刚创建的草图，设置增量选项为"通过"，并设置方向为"双向"，确定创建删除拉伸特征，如图 7-21 所示。

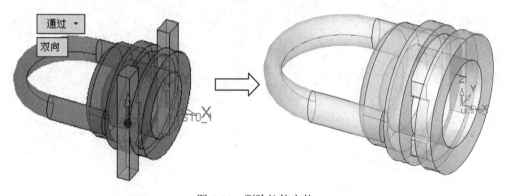

图 7-21　删除拉伸实体

　提示：增量选项为"通过"、"双向"，将无限延伸。

➡　**保存文件**　输入文件名"T7"，保存文件。

复习与练习

完成如图 7-22 所示的零件的实体模型设计。

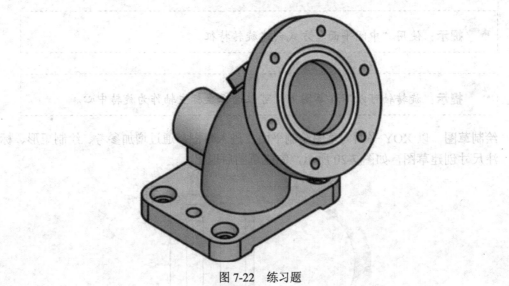

图 7-22 练习题

第 8 讲 放样、扫描与管道

本讲讲解其他几种特殊的实体创建方式：放样、扫描与管道。管道是一种特殊的导动实体，其截面形状为圆；放样可以将多个不同形状的截面连接成一个实体，而扫描在选择截面之外还可以指定导向线。

本例零件底部上下异形，需要创建放样实体；顶部为上下异形，并且侧边有圆滑过渡，需要创建扫描实体；外部有一个空心管道，中间有连通的通道，采用管道实体与拉伸实体进行创建。由于在创建过程中会形成多个实体，需要指定激活物体，并进行实体的合并。

本讲要点

- 📖 放样
- 📖 扫描
- 📖 管道实体的创建
- 📖 激活物体
- 📖 合并实体

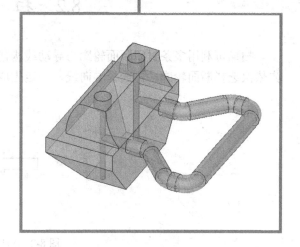

8.1 放　　样

放样是指将多个封闭的截面轮廓通过直线或曲线过渡的方法构建实体。

> 📢 **提示：** 放样和扫描只在新建实体菜单中存在，也就是说，只能创建新的独立实体。如果需要与其他实体结合或切割，则需要应用布尔运算。

创建放样实体时要求逐个选择截面。截面必须是封闭的草图或者组合曲线，也可以是面。如图 8-1 所示，按顺序指定 4 个截面，确定生成一个放样实体。

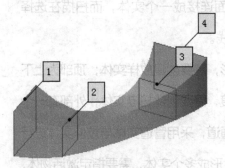

图 8-1　放样实体

放样实体可以指定生成的曲面为单个面或者多个面，使用"单个面"方式时，生成实体表面将作为一个面处理；使用"多个面"方式时，则以每一个线段独立形成一个面。

8.2 扫　　描

扫描可利用多条封闭断面轮廓与导动线构建一个实体，可以认为是导动与放样的结合。先依次选择断面轮廓，再选择导向线，确定生成实体，如图 8-2 所示。

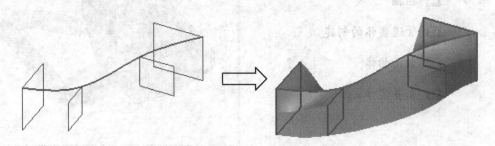

图 8-2　扫描实体

扫描实体可以选择多个断面轮廓，也可以选择多条导向线，但要求导向线必须与所有的截面都有交点。

8.3 管　道

管道是一种特殊的导动特征，它指定直径作为圆形的截面线。创建管道时，在菜单或者工具栏中选择【管道】命令，然后选择管道的中心线并设置参数，即可生成一个管道特征，如图 8-3 所示。

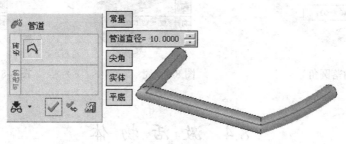

图 8-3　创建管道

1. 常量/变量

创建管道时，可以选择管道直径为"常量"或者"变量"。"常量"方式可以创建等直径的管道，需要输入管道直径值，并且有角落与端部处理选项，如图 8-4 所示。

"变量"方式可以创建直径渐变的管道，需要分别输入两端的直径值，如图 8-5 所示。

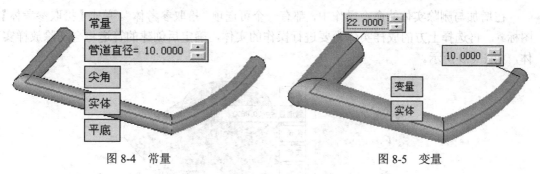

图 8-4　常量　　　　　　　　　　　　　　　图 8-5　变量

2. 尖角/角落圆角

在有折弯的路径上创建等直径的管道时，角落可以采用"尖角"或者"角落圆角"过渡。"尖角"过渡时，管道作线性延伸，延伸到相交的位置，如图 8-4 所示；"角落圆角"过渡时，将对角落按指定的角落半径进行倒圆角，如图 8-6 所示。

3. 实体/壳

创建管道时，可以创建实心的管，也可以创建空心的管。使用"实体"方式，将创建实心的管道；使用"壳"方式，则生成壁厚为指定材料厚度的空心管，如图 8-7 所示。

4. 平底/旋转端面

对于实心的管道，可以进行端部处理。选择"平底"选项，创建端部为平面的管道；选择"旋转端面"选项，则在端部生成一半球体，如图 8-8 所示。

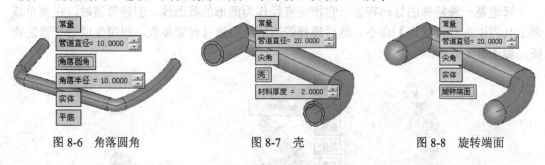

图 8-6　角落圆角　　　　图 8-7　壳　　　　图 8-8　旋转端面

8.4　激 活 物 体

如果当前操作的文件存在多个实体，如使用两次及两次以上的新建命令，就会在屏幕上存在多个实体，进行删除操作时就需要指定与哪个实体来发生作用。此时可以通过以下几种方法来实现。

1. 拾取参考体

在增加与删除实体的命令操作中，都有一个可选项"拾取参考体"。单击【拾取参考体】图标，再选择上方的放样实体为要进行操作的实体，确定后创建的管道将会切除放样实体，如图 8-9 所示。

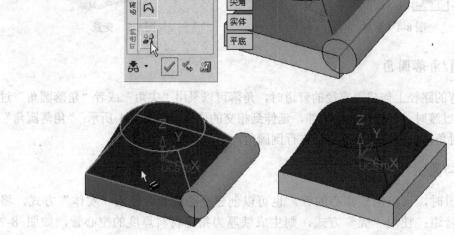

图 8-9　拾取参考体

2. 激活物体

默认情况下，增加或者删除操作的对象是激活的物体，通常是最先创建的那个实体。如果要改变默认的操作对象，可以在主菜单中选择【实体】→【激活物体】命令，再选择需要激活的对象。

3. 合并

在大部分情况下，一个文件中只设计一个零件，也就是只保留一个实体。通过"合并"功能可以将两个或多个实体对象结合在一起，变为一个实体。在主菜单中选择【实体】→【合并】命令后，选择需要合并的实体，确定后进行合并即可，如图 8-10 所示。

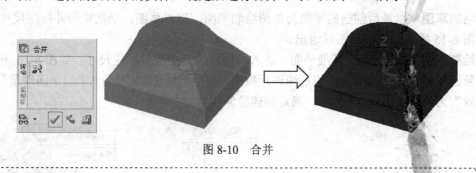

图 8-10 合并

> **提示**：合并后原实体将不再存在，但原特征依旧存在，并可以进行编辑。

8.5 管道实体的创建示例

创建如图 8-11 所示的零件，该零件有多个具有不同形状的截面和多个管道，需要应用放样、扫描、管道、拉伸等实体创建方法进行创建。

➡ **新建文件** 启动 Cimatron E10，新建零件文件。

➡ **创建主平面** 在坐标系 UCS10_1 上创建 3 个主平面，如图 8-12 所示。

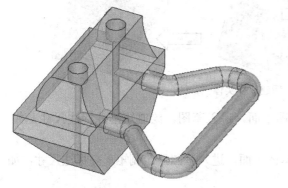

图 8-11 示例

图 8-12 创建主平面

➡ **创建平行平面** 创建 XOY 平面的平行平面，向上偏移 32，如图 8-13 所示。

默认选择了刚创建的平行平面，向下偏移 64，创建平行基准面，如图 8-14 所示。

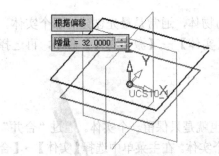

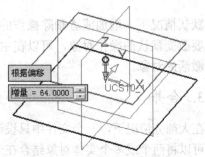

图 8-13　创建平行基准面 1　　　　　　　　图 8-14　创建平行基准面 2

➡ **绘制草图**　以最后创建的平面为草图绘制平面，进入草图，绘制矩形并标注尺寸，如图 8-15 所示，完成草图后退出。

➡ **绘制草图**　拾取 XOY 基准平面，进入草图，绘制矩形并标注尺寸，如图 8-16 所示。

➡ **新建拉伸实体**　以刚生成的草图进行拉伸，指定"增量方式"为"中间平面增量"，"增量"为 12，如图 8-17 所示，确定创建拉伸实体。

图 8-15　绘制草图 1　　　　　　图 8-16　绘制草图 2　　　　　　图 8-17　新建拉伸实体

➡ **新建放样实体**　在菜单中选择【实体】→【新建】→【放样】命令，拾取拉伸实体的下表面，再拾取下方基准面上的草图，如图 8-18 所示，确定新建放样实体。

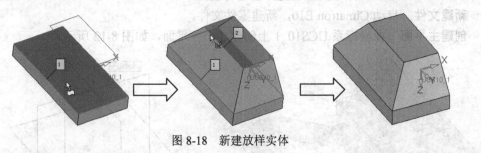

图 8-18　新建放样实体

➡ **绘制草图**　以拉伸实体的上表面为草图平面，进入草图，绘制矩形并标注尺寸，如图 8-19 所示，完成草图后退出。

➡ **绘制草图**　以上方的平行基准平面为草图平面，进入草图，绘制矩形并标注尺寸，如图 8-20 所示，完成草图后退出。

➡ **绘制草图**　拾取 ZOX 基准平面，进入草图，增加参考，再绘制圆弧并增加约束，如图 8-21 所示，完成草图后退出。

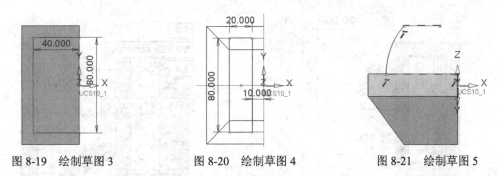

图 8-19 绘制草图 3 　　　　图 8-20 绘制草图 4 　　　　图 8-21 绘制草图 5

➥ **新建扫描实体** 选择【实体】→【新建】→【扫描】命令，拾取下方的矩形草图，再拾取上方基准面上的矩形草图，单击中键完成截面线选择；拾取圆弧草图为导向线，确定新建扫描实体，如图 8-22 所示。

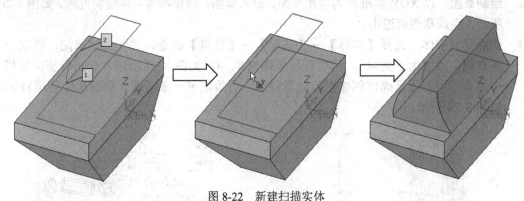

图 8-22 新建扫描实体

➥ **删除拉伸实体** 单击【删除拉伸】图标⬛，再选择草图指令，并以顶部平面为草图平面进行草图绘制，绘制对称线、圆、标注尺寸创建草图，完成草图后退出；设置拉伸增量为 8，单击特征向导中的【拾取参考体】图标，选择上方的扫描实体，确定创建删除拉伸特征，如图 8-23 所示。

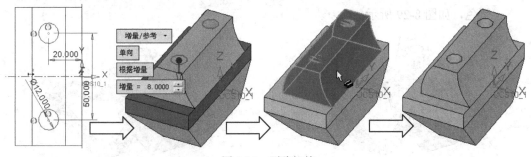

图 8-23 删除拉伸

➥ **绘制草图** 以 XOY 基准面为草图平面，进入草图绘制状态，增加参考、绘制对称直线、标注尺寸并进行倒圆角，如图 8-24 所示，完成草图后退出。

➥ **增加管道实体** 选择【实体】→【增加】→【管道】命令，选择草图，指定外径为 12，壁厚为 2，创建空心的管道，如图 8-25 所示。

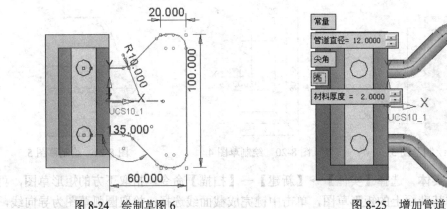

图 8-24 绘制草图 6

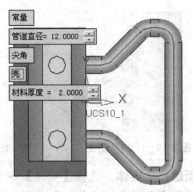

图 8-25 增加管道

➡ **绘制草图** 以 XOY 基准面为绘图平面，进入草图，增加参考，再绘制直线，如图 8-26 所示，完成草图后退出。

➡ **删除管道实体** 选择【实体】→【删除】→【管道】命令，关闭过滤草图，拾取一条直线，设置为"变量"，两端直径分别为 8、4，如图 8-27 所示，单击特征向导栏中的【应用】图标确定创建删除管道特征。再拾取另一条直线，创建删除管道特征，如图 8-28 所示。

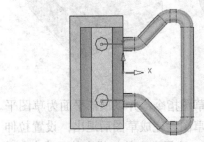

图 8-26 绘制草图 7

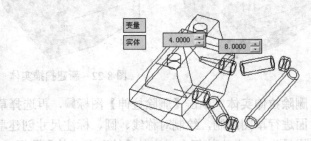

图 8-27 删除管道

➡ **合并** 单击【合并】图标，拾取所有实体，确定进行合并，合并后的实体将显示同一颜色，如图 8-29 所示。

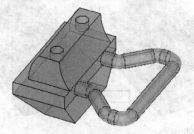

图 8-28 删除管道

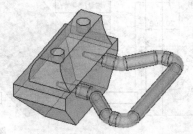

图 8-29 合并

➡ **绘制草图** 以 XOY 基准面为草图面，进入草图绘制状态，增加参考，再绘制圆，如图 8-30 所示。

➡ **删除拉伸实体** 对刚创建的草图进行拉伸，设置为"双向"、"通过"，如图 8-31 所示，确定创建删除拉伸特征。完成后的实体如图 8-32 所示。

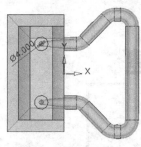

图 8-30 绘制草图 8

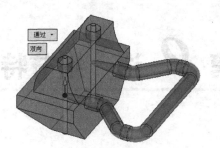

图 8-31 删除拉伸

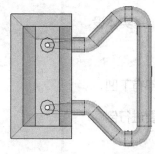
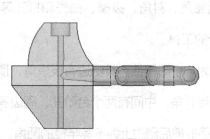

图 8-32 完成的实体

➔ **保存文件** 指定文件名为 "T8"，保存文件。

复习与练习

完成如图 8-33 所示的零件设计（有关尺寸参数请参考练习模型的特征树及草图）。

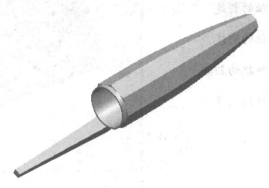

图 8-33 练习题

第9讲 细节特征的创建

　　细节特征用于在已有特征上进行角落的处理或者某些细节处理，包括圆角、斜角、拔模、抽壳和打孔等，是实体设计中必不可少的工具。

　　本例零件为一个薄壁件，其侧边有拔模角，顶部有下凹，凹槽周边需要倒斜角，中间有两个台阶孔，周边需要进行倒圆角，并且在顶面的前后侧边上为不等半径的圆角。

本讲要点

　　□ 倒圆角特征的创建

　　□ 斜角特征的创建

　　□ 抽壳特征的创建

　　□ 拔模角特征的创建

　　□ 打孔特征的创建

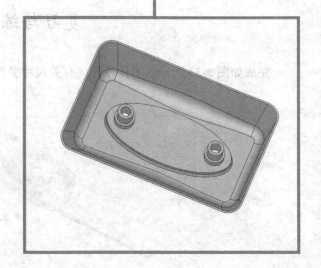

9.1 圆 角

圆角是最常用的实体造型功能之一，倒圆角是指在实体的边缘产生圆角特征，可以在凸角或凹角上创建圆角过渡。

1. 倒圆角的步骤

倒圆角的操作步骤如下。

（1）在主菜单中选择【实体】→【圆角】命令或者单击工具栏中的【圆角】图标 🖱，系统将打开圆角特征向导。

（2）在实体上拾取边界，完成选择后单击鼠标中键退出。

（3）在浮动菜单中设置圆角选项及圆角半径等参数。

（4）单击特征向导栏中的【确定】或者【应用】按钮，生成圆角特征，如图 9-1 所示。

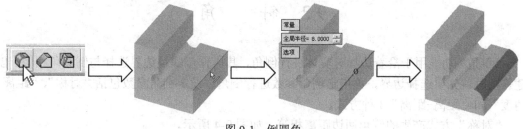

图 9-1　倒圆角

📢 **提示**：一个边倒圆角特征只能创建在一个实体上。两相交实体之间不能创建倒圆角。

2. 边界拾取

实体圆角的构建首先要选择边界，有"打开光顺连接"和"关闭光顺连接"两个选项。

选择"打开光顺连接"选项时，对当前选择的边界沿切向进行延伸连接下一边界；切换到"关闭光顺连接"选项时，每次只选择单一的边界，如图 9-2 所示。

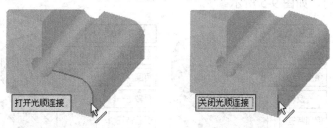

图 9-2　打开/关闭光顺连接

3. 变量半径设置

完成边界的拾取后，要进行圆角半径的设置和选项设定。半径设置包括"常量"和"变量"两种方式，使用"常量"方式生成等半径的圆角，直接输入全局半径的数值即可；使用"变量"方式则可以生成不同半径的倒圆角。

在变量倒圆角时，将增加转换方式和控制点分布选项，并在选择的线上分点位置进行半径的指定，如图 9-3 所示。

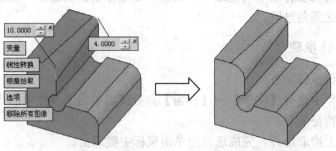

图 9-3 变量倒圆角

9.2 斜 角

"斜角"功能用于沿着边界对实体进行倒角，其操作步骤及边界选择与倒圆角相似。创建斜角时首先要选择边界，再指定倒角参数进行倒角，设定倒角参数包括"对称"、"距离-角度"和"距离-距离"3 种方式。

"对称"方式产生的倒角两边距离相等，如图 9-4 所示。

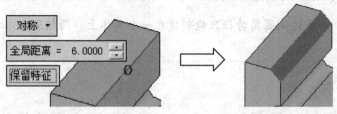

图 9-4 "对称"斜角

使用"距离-角度"方式倒角时，需要指定"全局距离"和"角度"，并可以通过"反转"切换角度方向，如图 9-5 所示。

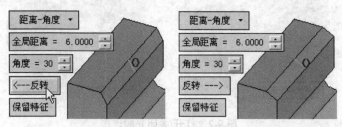

图 9-5 "距离-角度"斜角

使用"距离-距离"方式倒角时，需要指定"全局距离 1"和"全局距离 2"，由两边的距离控制倒斜角，如图 9-6 所示。

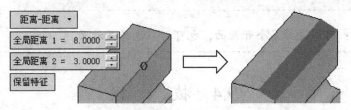

图 9-6 "距离-距离"斜角

9.3 抽 壳

"抽壳"功能使用切除材料的方法挖空实体，保留的面是一个指定量的薄壁。抽壳操作的步骤为：选取对象，再选择开放面并设定厚度与侧边参数，如图 9-7 所示。

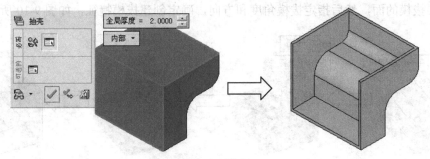

图 9-7 抽壳

侧边有 3 个选项，可以在抽壳时指定壁厚的方向，如图 9-8 所示。

（a）内侧   （b）外侧   （c）双向

图 9-8 抽壳的侧边（粗线为原外轮廓）

在特征向导的可选项中，包括"创建不一致的抽壳"选项，选择该选项后，可以为拾取的面指定与全局厚度不同的厚度值，如图 9-9 所示。

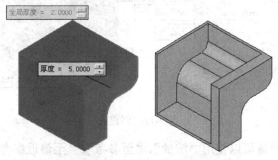

图 9-9 创建不一致的抽壳

提示：可以选择多个开放面，也可以不选择开放面。

9.4 拔 模

设定拔模角是为了生成带有拔模斜度的表面，这在模具成型的零件上应用较为广泛。创建拔模时，首先要拾取参考图素来确定拔模方向与基准位置，再拾取要拔模的面，然后指定角度与方向，最后确定进行拔模。

基准位置可以是"中间轮廓"或者"中间平面"。中间平面较为简单，也更常用，以平面的法向为拔模方向，可以选择"在平面上保持尺寸"或者"在底面上保持尺寸"选项，再拾取要拔模的面，然后指定拔模角度和方向，确定创建拔模特征，如图 9-10 所示。

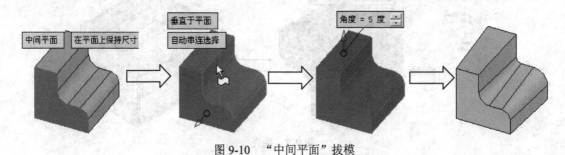

图 9-10 "中间平面"拔模

9.5 孔

利用"孔"功能可以创建各种形状的标准孔。选择孔的中心点，再指定参数即可创建孔，如图 9-11 所示。钻孔点只允许选择存在点，也就是说，在创建孔特征之前，一定要绘制一个点，而不能用拾取线的端点等方法。

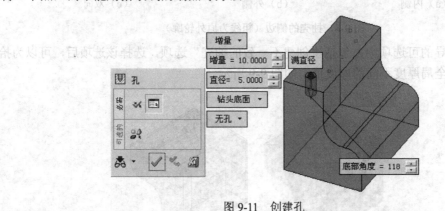

图 9-11 创建孔

（1）增量。钻孔增量可以使用"增量"、"至参考"、"至最近参考"和"通过"等方式，与删除拉伸的增量指定方式相同。

设置增量值时，可以使用"满直径"或者"到孔尖"，满直径将不考虑刀尖部分。

（2）直径。指定孔的直径。

（3）孔底形状。包括钻头底面、平底面和球形底面 3 种，如图 9-12 所示。

（4）孔的始端形状。"无孔"表示直孔；"钻孔"表示扩大的孔；"镗孔"表示台阶孔；"沉孔"表示平头螺丝孔，如图 9-13 所示。

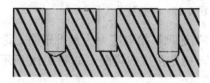

图 9-12　孔底形状

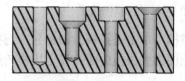

图 9-13　孔的始端形状

选择"钻孔"选项时需要设置头部直径、头部深度与头部角度，如图 9-14 所示；选择"镗孔"选项时需要设置头部直径与头部深度；选择"沉孔"选项时需要设置头部直径与头部角度。

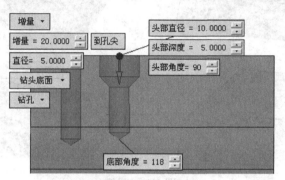

图 9-14　钻孔参数

9.6　细节特征应用示例

完成一个如图 9-15 所示的零件设计，该零件具有许多细节特征，包括圆角、斜角、拔模、抽壳和孔等。

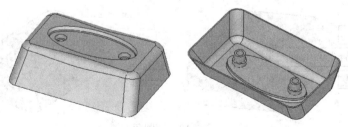

图 9-15　示例零件

→ **新建文件**　启动 Cimatron E10，新建零件文件。

→ **绘制草图**　以 XOY 基准面为草图面，进入草图环境，绘制一个矩形，如图 9-16 所示。

→ **新建拉伸实体**　对刚生成的草图进行拉伸，设置增量参数并确认拉伸方向，再设置拔模角参数，确定生成拉伸实体，如图 9-17 所示。

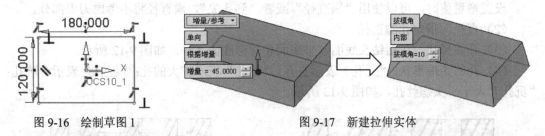

图 9-16 绘制草图 1　　　　　　　　　　图 9-17 新建拉伸实体

➜ **拔模** 单击【拔模】图标，选择"中间平面"选项，拾取底面为基准平面，选取后侧面为要拔模的面，设定拔模角度为"30 度"，确定生成拔模面，如图 9-18 所示。

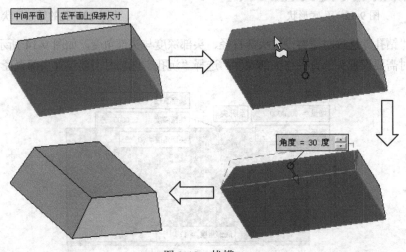

图 9-18 拔模

> **提示**：拉伸只能生成周边相等的拔模角，可以使用"拔模角"功能生成单一侧面不同的拔模角。

➜ **倒圆角** 单击【圆角】图标，拾取 4 个侧边边界，设置半径为 15，确定生成圆角特征，如图 9-19 所示。

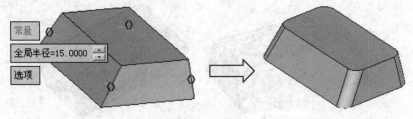

图 9-19 倒圆角

➜ **变半径圆角** 单击【圆角】图标，拾取顶面边界，如图 9-20 所示。设置为"变量"倒圆角，指定两条长边的端点处半径为 10，中点处的半径为 15，如图 9-21 所示，确定生成圆角特征，如图 9-22 所示。

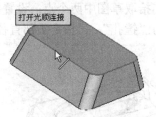

图 9-20　选择圆角边

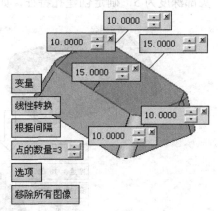

图 9-21　设置变量圆角参数

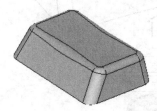

图 9-22　变量倒圆角

➜ **绘制草图**　以顶面为草图面，进入草图，绘制椭圆并增加约束、标注尺寸，如图 9-23 所示，完成草图后退出。

➜ **删除拉伸实体**　单击【删除拉伸】图标 ，选择刚创建的草图。设置增量为 6，如图 9-24 所示，确定创建删除拉伸特征。

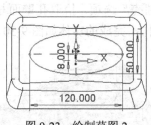

图 9-23　绘制草图 2

图 9-24　删除拉伸

➜ **倒斜角**　单击【斜角】图标 ，拾取椭圆槽的边界，设置斜角方式为"距离-距离"、全局距离 1 为 2、全局距离 2 为 4，通过预览确定方向，如图 9-25 所示，确定生成斜角特征。

➜ **绘制草图**　拾取椭圆形槽的底面为草图面，进入草图，绘制点并标注尺寸，如图 9-26 所示，完成草图后退出。

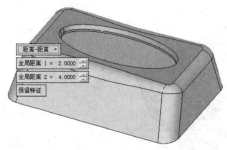

图 9-25　倒斜角

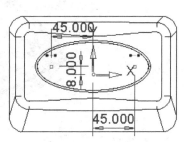

图 9-26　绘制草图 3

➔ **创建孔**　在主菜单中选择【实体】→【孔】命令，拾取草图中两个点；设置钻孔增量为 18、直径为 10，孔底部为"平底面"，孔头部为"镗孔"，再指定头部直径为 16、头部深度为 5，确定创建孔特征，如图 9-27 所示。

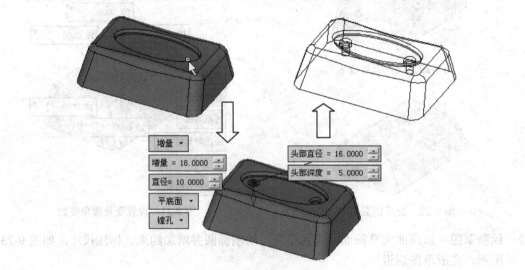

图 9-27　创建孔

➔ **抽壳**　单击【抽壳】图标 ，选择底面与孔底面为开放面，设置全局厚度为 1.5，如图 9-28 所示；在特征向导中选择"创建不一致的抽壳"选项，拾取孔壁面与台阶面，指定厚度为 2.5，如图 9-29 所示。确定进行抽壳操作，完成的实体如图 9-30 所示。

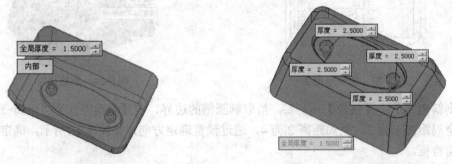

图 9-28　选择开放面　　　　　　　　　图 9-29　指定不同厚度面

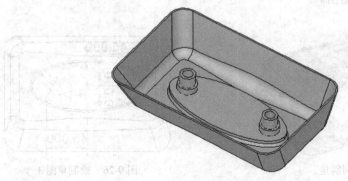

图 9-30　抽壳

> **提示：** 抽壳时需要一次性选择开放面，注意，不要生成未选择开放面的抽壳特征。

➔ **保存文件** 以文件名"T9"保存文件。

复习与练习

完成如图 9-31 所示的零件设计。

图 9-31　练习题

第 *10* 讲 复制图素

对于创建的几何体，可以通过移动或者复制图素进行对象的变换。对于多个对象，可以进行物体的切除与合并操作。而通过集合来管理不同类别的物体，可以方便地进行显示控制与选择过滤。

本例零件为模具零件，可以通过先创建一个产品模型原型，再切除圆柱来生成；产品的侧边上有 6 个相同的凹槽，可以采用旋转复制方式进行创建；零件顶部有 5 个窄槽，可以采用线性阵列进行创建；塑料零件在创建模具时还需要放收缩量；模具零件生成后可以采用镜像将其反转。

**本讲要点**

  📖 移动图素

  📖 复制图素

  📖 删除几何

  📖 比例缩放

  📖 物体的分割与切除

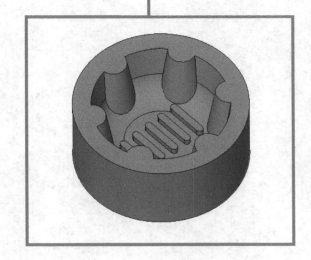

10.1 移动图素

对于已经生成的几何体，包括曲线、曲面和实体，可以通过线性、旋转和镜像 3 种方式进行位置的移动，也可以采用线性、阵列、旋转阵列、沿曲线和镜像 5 种方式进行复制。在主菜单中选择【编辑】→【移动图素】或者【复制图素】命令，将显示对应的子菜单，如图 10-1 所示。

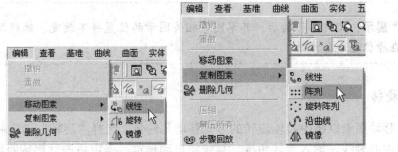

图 10-1　移动图素与复制图素

1. 线性

选择"线性"选项，以平移方式移动几何体。移动时可以选择 4 种移动指定方法。

（1）点对点。通过指定起始点（原点）与终止点进行几何体的转移，操作时先选择几何体，指定原点，再选择终止点，确定进行移动，如图 10-2 所示。

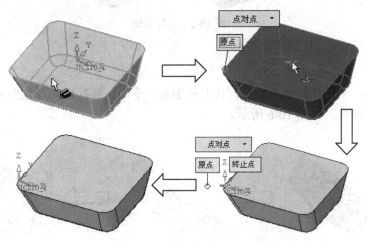

图 10-2　"点对点"方式

（2）XYZ 增量。通过指定 X、Y、Z 轴的移动量进行几何体的转移，如图 10-3 所示。

（3）沿方向。通过指定方向和距离进行几何体的转移，如图 10-4 所示为沿 Y 轴线性移动几何体的示例。

（4）从坐标系到坐标系。通过指定两坐标系进行几何体的转移。

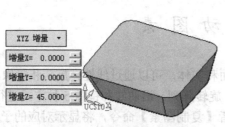

图 10-3 "XYZ 增量"方式　　　　图 10-4 "沿方向"方式

> **提示:** 几何体移动后, 其草图等相关图素的位置并不改变。编辑草图时仍将在原位置进行修改。

2. 旋转

旋转移动图素以绕中心轴旋转的方式移动几何体。选择"旋转"选项后, 选取对象, 指定旋转中心轴线, 输入旋转角度, 系统将自动预览, 确定后进行旋转即可, 如图 10-5 所示。

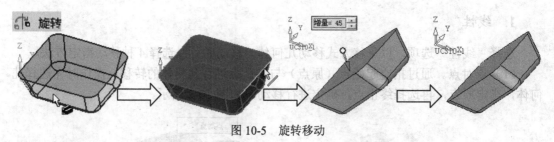

图 10-5 旋转移动

3. 镜像

镜像移动产生的几何体与原几何体对称于某一平面。选择移动对象后再选择平面, 确定镜像移动几何体, 如图 10-6 所示。

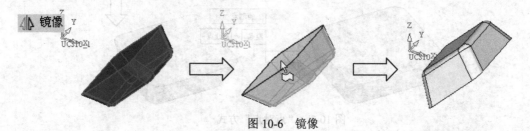

图 10-6 镜像

> **提示:** 移动或复制的几何体将与原几何体关联, 即对原实体进行参数编辑时, 移动或复制产生的几何体将同时改变。

10.2 复 制 几 何

1. 线性

线性复制与线性移动几何体的方式类似,是以平移的方式产生新的几何体,但是保留原先的几何体。另外,在线性复制时可以指定多个终止点生成多个相同的几何体。

2. 镜像

镜像复制与镜像移动几何体的方式类似,将对称于某一平面产生新的几何体,同时保留原几何体。

3. 阵列

阵列复制通过平移方式产生一组几何体。选择"阵列"选项后,选择对象,再选择一个坐标系,指定 X、Y 向的距离增量和数量及其他选项,预览正确后确定创建阵列,如图 10-7 所示。

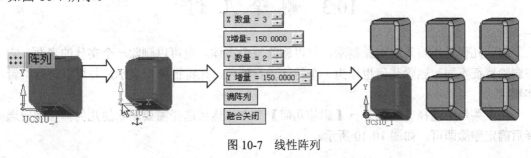

图 10-7 线性阵列

> **提示**:线性阵列只能相对于 XY 平面。如果需要 Z 向阵列,可以用创建坐标系或者指定点的方式确定 X、Y 方向。

4. 旋转阵列

应用旋转阵列将产生围绕一个中心轴旋转分布的几何体,如图 10-8 所示。旋转阵列需要指定旋转中心轴线、旋转角度增量及数量。

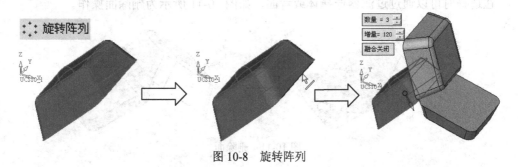

图 10-8 旋转阵列

5. 沿曲线

沿曲线复制可以产生沿曲线分布的若干个图素，如图 10-9 所示。在选择物体后，还需要指定参考线，并进行参数选项的设置，如根据参考坐标系的坐标系、曲线上的分布数量、分布方式等选择。

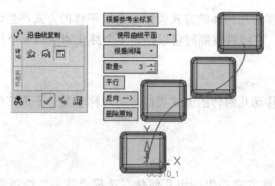

图 10-9　沿曲线复制

10.3　删　除　几　何

删除几何是指将几何对象删除，可以删除整个实体，也可以删除一个实体的表面。它与删除特征不同，删除几何也作为一个特征进行处理，在特征树中显示，并可以进行编辑和删除。

在主菜单中选择【编辑】→【删除几何】命令，然后选择需要删除的几何体，完成选择后确定删除即可，如图 10-10 所示。

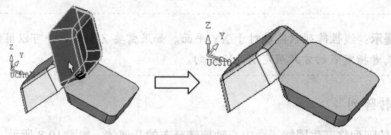

图 10-10　删除几何

在选择时可以通过过滤器选择体或者面，如图 10-11 所示为删除面操作。

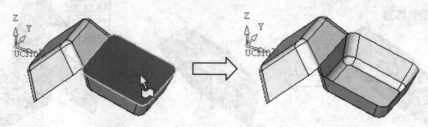

图 10-11　删除面

10.4　缩　　放

可以使用缩放来重新计算模型的尺寸及坐标，常用于收缩率的计算上。在进行比例缩放时，可以采用等比例缩放，也可以进行 X、Y、Z 不等比例的缩放。

比例缩放的步骤为：选取物体（默认选择全部物体），指定缩放中心点，再设定缩放参数，确定进行缩放即可，如图 10-12 所示。

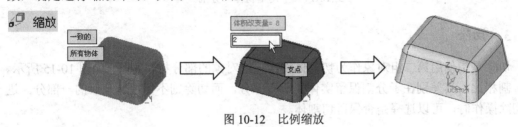

图 10-12　比例缩放

选择物体时，将"一致的"切换为"不一致的"，在指定支点后可以设置 X、Y、Z 轴不同的比例，如图 10-13 所示。

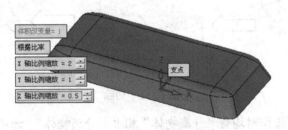

图 10-13　"不一致的"缩放

10.5　实 体 操 作

对于多个实体，可以进行分割、合并和切除操作。

1．分割

可以通过"使用物体"和"使用轮廓"两种方式将一个对象分割为多个部分。使用"使用轮廓"方式分割实体时，相当于生成一个拉伸实体，再以该实体作为切除对象分割原实体，其参数与生成拉伸实体时相同。使用"使用物体"方式分割实体时，首先选择要分割的实体，然后选择切除对象。切除对象可以是平面、曲面或者实体，如图 10-14 所示为使用一个实体分割另一个实体。

2．合并

合并是指将两个或多个实体对象结合在一起，变为一个实体。选择合并指令后，选择需要融合的实体，确定进行合并即可。

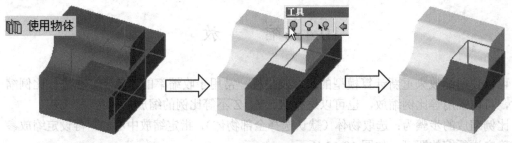

图 10-14　"使用物体"分割

3. 切除

切除是指使用第二组对象作为切割体将第一组对象的部分材料删除，如图 10-15 所示。与分割相比，其差别在于分割保留实体的所有部分，而切除则不保留分开后的一部分。进行切除操作时，可以选择是否保留切割体。

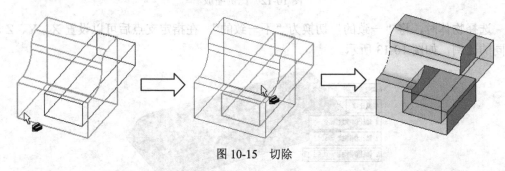

图 10-15　切除

在切除或者分割操作时均有"分离物体"和"不分离物体"选项，该选项用于指定进行切除或分割操作后，不相连的实体部分是当作一个实体还是将其分开成单独的实体。

10.6　复制图素应用示例

设计一个如图 10-16 所示的零件模型，并设计该零件的凹模。该零件侧面和顶面有均匀分布的凹槽，在模具设计时需要考虑收缩率为 5%。

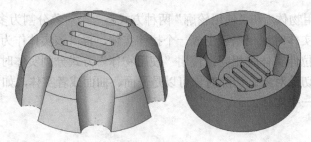

图 10-16　示例

➡　**新建文件**　启动 Cimatron E10，新建零件文件。

➡　**创建主平面**　在坐标系上创建 XOZ 主平面，如图 10-17 所示。

➔ **绘制草图** 在 XOZ 平面上绘制草图，绘制直线与圆弧，并增加约束、标注尺寸，如图 10-18 所示。

图 10-17 创建主平面

图 10-18 绘制草图 1

➔ **新建旋转实体** 单击【新建旋转】图标，以前一草图为截面，选择竖直线为旋转轴，确定创建一个旋转实体，如图 10-19 所示。

➔ **绘制草图** 以 XOY 基准面为草图面，进入草图，绘制圆并标注尺寸，如图 10-20 所示。

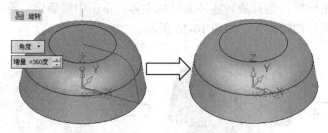

图 10-19 新建旋转实体

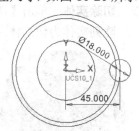

图 10-20 绘制草图 2

➔ **删除拉伸实体** 对刚创建的草图进行删除拉伸，设置增量为"通过"，拔模角为 9，确定创建删除拉伸特征，如图 10-21 所示。

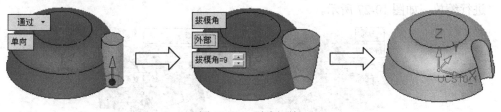

图 10-21 删除拉伸

➔ **旋转阵列** 选择【编辑】→【复制图素】→【旋转阵列】命令，单击"过滤面"图标，设置选项为"包括整个特征"，选取删除拉伸的面，然后选取 Z 坐标主轴为旋转轴，设置数量为 6、角度为 60，确定进行旋转阵列复制，如图 10-22 所示。

图 10-22 旋转阵列复制

➔ **绘制草图** 在顶面上绘制草图，绘制直线与圆弧，并标注尺寸，如图 10-23 所示。

➔ **新建拉伸实体** 对刚创建的草图向下拉伸"4"来创建拉伸实体，如图 10-24 所示。

➔ **阵列** 选择【编辑】→【复制图素】→【阵列】命令，选择拉伸实体，点选坐标系，设置 X 数量为 1、Y 数量为 5、Y 增量为 11，确定进行阵列复制，如图 10-25 所示。

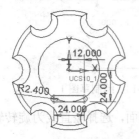 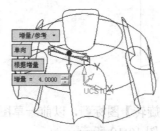 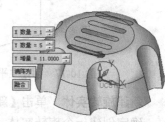

图 10-23 绘制草图 3　　　　图 10-24 新建拉伸实体　　　　图 10-25 阵列

➔ **切除实体** 单击【切除】图标，选择旋转实体为目标主体，单击中键确定，再选择阵列实体为切割体，确定进行切除操作，如图 10-26 所示。

图 10-26 切除实体 1

➔ **缩放** 选择【实体】→【缩放】命令，选择坐标原点为支点，设置比例为 1.05，确定进行缩放，如图 10-27 所示。

图 10-27 缩放

➔ **新建拉伸实体** 单击【新建拉伸】图标，然后单击【草图】图标，单击鼠标中键以 XOY 平面为基准面，绘制一个 φ120 的圆，如图 10-28 所示，完成草图后退出。对刚创建的草图向上拉伸设置"增量=60"，如图 10-29 所示，确定生成拉伸实体。

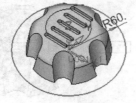 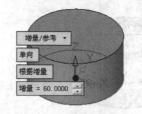

图 10-28 绘制草图 4　　　　　　　　图 10-29 新建拉伸实体

➜ **切除实体** 单击【切除】图标🔲，选择拉伸实体为目标主体，单击中键确定，再选择旋转实体为切割体，确定进行切除操作，如图 10-30 所示。

➜ **隐藏产品** 选择旋转实体，隐藏，如图 10-31 所示。

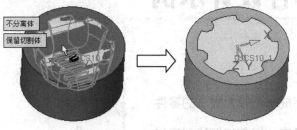
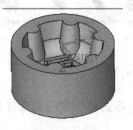

图 10-30　切除实体 2　　　　　　　　　　　　　　　图 10-31　隐藏

➜ **镜像** 在主菜单中选择【编辑】→【移动图素】→【镜像】命令，拾取切除后的实体，再选择底边的圆确定平面，确定进行镜像移动，如图 10-32 所示。

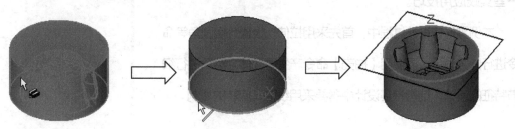

图 10-32　镜像移动

➜ **保存文件** 输入文件名"T10"，保存文件。

复习与练习

完成如图 10-33 所示零件的三维模型设计。

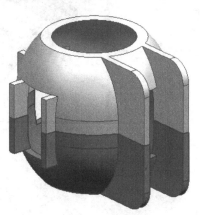

图 10-33　练习题

第 11 讲 零件设计示例

本讲将综合应用实体设计工具完成一个较为复杂的零件设计，复习新建、增加、删除实体及实体细节特征的创建与应用，复制图素与复制特征的应用，进一步掌握实体设计的一些实践应用技巧。

本例零件在设计过程中，首先采用拉伸、拔模、倒圆角等命令进行外壳设计，再使用【抽壳】命令产生薄壳体，然后进行细节特征的设计，结构特征设计中需要采用线性、旋转的复制。

本讲要点

📖 实体设计的流程

📖 产品主体设计

📖 产品结构设计

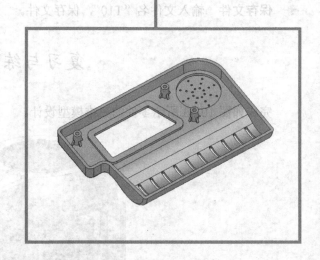

11.1　零件分析与设计流程

完成如图 11-1 所示的零件设计。

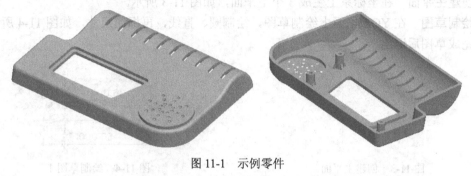

图 11-1　示例零件

该零件在设计过程中，首先采用了拉伸、拔模、倒圆角等命令进行外壳设计，再使用】【抽壳】命令产生薄壳体，然后进行细节特征的设计，最后对内部结构进行设计。整个操作过程如图 11-2 所示。

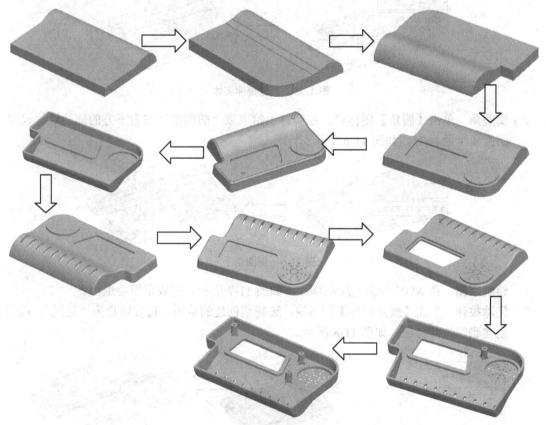

图 11-2　示例零件设计流程

11.2 产品主体设计

➜ **新建文件** 启动 Cimatron E10，新建零件文件。

➜ **创建主平面** 在坐标系上生成 3 个主平面，如图 11-3 所示。

➜ **绘制草图** 在 YOZ 平面上绘制草图，绘制圆、直线，再标注尺寸，如图 11-4 所示，完成草图后退出。

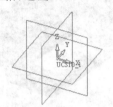

图 11-3　创建主平面

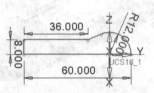

图 11-4　绘制草图 1

➜ **新建拉伸实体** 单击【新建拉伸】图标，选择刚生成的草图进行拉伸，设置增量，确定生成拉伸实体，如图 11-5 所示。

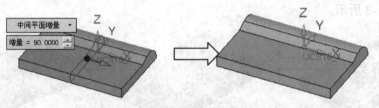

图 11-5　新建拉伸实体

➜ **倒圆角** 单击【圆角】图标，在实体上拾取顶上的凹角边与右下方的侧边线，设置倒圆角半径为 15，如图 11-6 所示。

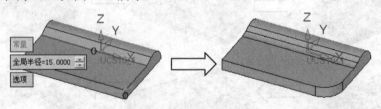

图 11-6　倒圆角 1

➜ **绘制草图** 在 XOY 平面上绘制草图，如图 11-7 所示，完成草图后退出。

➜ **删除拉伸** 单击【删除拉伸】图标，选择刚创建的草图，设置增量为"通过"，确定创建删除拉伸特征，如图 11-8 所示。

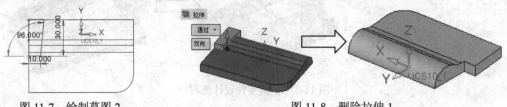

图 11-7　绘制草图 2

图 11-8　删除拉伸 1

➜ **拔模**　单击【拔模】图标，选择"中间平面"选项，拾取模型的底面为基准位置，选取侧面的相切面为要拔模的面，设定拔模角度为 5 度，进行拔模，如图 11-9 所示。

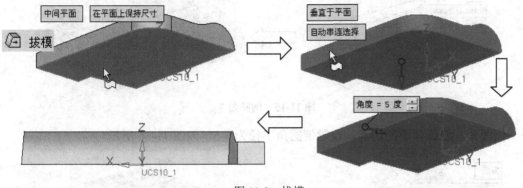

图 11-9　拔模

➜ **倒圆角**　拾取侧面的 3 个棱边，设置倒圆角半径为 3，如图 11-10 所示。

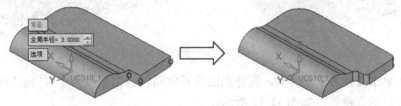

图 11-10　倒圆角 2

➜ **绘制草图**　在顶部平面上绘制草图平面，如图 11-11 所示，完成草图后退出。
➜ **删除拉伸实体**　对刚创建的草图进行删除拉伸，设置增量选项为"增量/参考"，并设置向下作单向拉伸，增量为 1.5，确定创建删除拉伸特征，如图 11-12 所示。

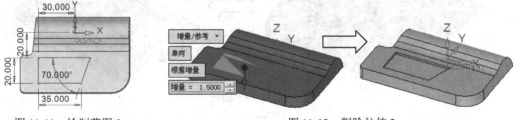

图 11-11　绘制草图 3　　　　　　　　　　　　　　　图 11-12　删除拉伸 2

➜ **绘制草图**　在顶部平面上绘制草图平面，如图 11-13 所示，完成草图后退出。
➜ **增加拉伸实体**　对刚创建的草图进行增加拉伸，设置增量为 1.5，确定生成拉伸实体，如图 11-14 所示。

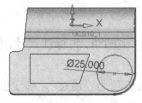
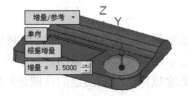

图 11-13　绘制草图 4　　　　　　　　　　　　　　　图 11-14　增加拉伸 1

➡ **倒圆角** 选择删除拉伸的凹槽侧边线，设置倒圆角半径为 2，如图 11-15 所示。

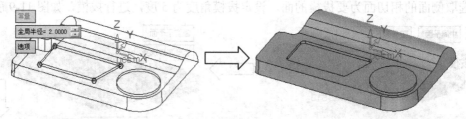

图 11-15 倒圆角 3

➡ **倒圆角** 选择顶面的边界，设置倒圆角半径为 1.5，如图 11-16 所示。

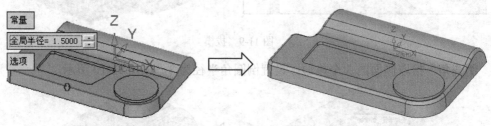

图 11-16 倒圆角 4

➡ **抽壳** 单击【抽壳】图标，选择底面为开放面，设定厚度为 1.5，向"内部"抽壳，确定进行抽壳操作，如图 11-17 所示。

➡ **保存文件** 指定文件名称为"T11"，保存文件。

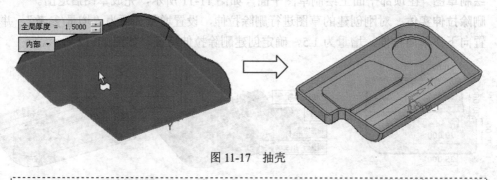

图 11-17 抽壳

> **提示**：对于复杂零件的设计中每一个主要操作，应该经常保存文件。

11.3 产品结构设计

➡ **绘制草图** 在 XOY 平面上绘制草图，绘制一个矩形并倒圆角，再标注尺寸，如图 11-18 所示，完成草图后退出。

➡ **删除拉伸** 对刚创建的草图进行删除拉伸，设置增量选项为"通过"，确定创建删除拉伸特征，如图 11-19 所示。

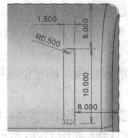

图 11-18　绘制草图 5

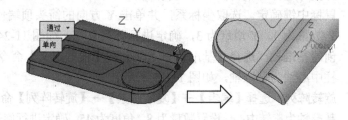

图 11-19　删除拉伸 3

➡ **阵列复制**　选择【编辑】→【复制图素】→【阵列】命令，在"过滤"工具条中单击【过滤面】图标 ，并将选项设置为"包括整个特征"，选取删除拉伸的面，再单击鼠标中键确定。选取坐标系，单击 X 方向的箭头顶端使其反向，设置 X 数量为 10、X 增量为 7、Y 数量为 1，确定进行阵列复制，如图 11-20 所示。

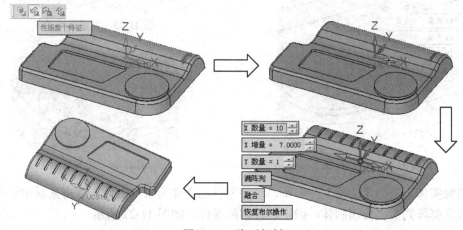

图 11-20　阵列复制

➡ **创建平行平面**　选择【基准】→【平面】→【平行】命令，拾取 YOZ 平面，设置平行平面通过拉伸圆柱体的圆心点生成一个平行的基准平面，如图 11-21 所示。

➡ **绘制草图**　在创建的平行平面上绘制草图，增加圆柱的顶面为参考，绘制直线并标注尺寸，如图 11-22 所示，完成草图后退出。

➡ **新建旋转实体**　单击【新建旋转】图标 ，以刚生成的草图为截面，选择草图中较长的竖直线为旋转轴，确定创建一个旋转实体，如图 11-23 所示。

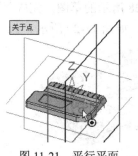

图 11-21　平行平面

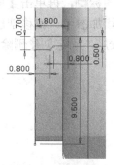

图 11-22　绘制草图 6

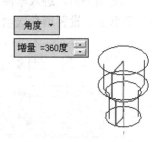

图 11-23　新建旋转实体

➔ **阵列** 选择【编辑】→【复制图素】→【阵列】命令，选取刚创建的旋转实体，单击鼠标中键确定。选取坐标系，并单击 Y 方向的箭头顶端使其反向，设置 X 数量为 1、Y 数量为 3、Y 增量为 3，确定进行阵列复制，如图 11-24 所示。

➔ **创建基准轴** 选择【基准】→【轴】→【根据定义】命令，拾取圆柱面，确定创建圆柱中心线为基准轴，如图 11-25 所示。

➔ **旋转阵列** 选择【编辑】→【复制图素】→【旋转阵列】命令，选取阵列的旋转实体，以基准轴为旋转中心，设置数量为 8、角度为 45，确定进行旋转陈列复制，如图 11-26 所示。

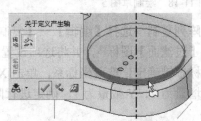

图 11-25　创建基准轴 1

图 11-24　阵列复制 2

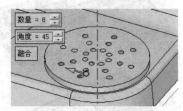

图 11-26　旋转阵列 1

➔ **切除实体** 单击【切除】图标 ，选择零件的主体为目标主体，单击鼠标中键确定，再选择阵列实体为切割体，确定进行切除操作，如图 11-27 所示。

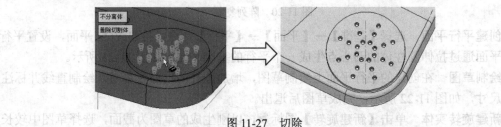

图 11-27　切除

➔ **删除拉伸** 单击【删除拉伸】图标 ，再单击【草图】图标 ，选择凹槽的表面为草图绘制平面，进入草图，通过增加参考、偏移创建如图 11-28 所示的草图，完成草图后退出。设置增量选项为"通过"，确定创建删除拉伸特征，如图 11-29 所示。

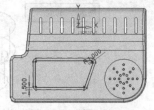

图 11-28　绘制草图 7

图 11-29　删除拉伸 4

➜ **增加拉伸实体** 单击【增加拉伸】图标 ，再单击【草图】图标，动态旋转后选择抽壳后侧壁底面为草图绘制平面，绘制点与圆并标注尺寸，如图 11-30 所示，完成草图后退出。设置增量为"至最近参考"，确定创建增加拉伸特征，如图 11-31 所示。

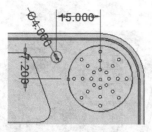

图 11-30　绘制草图 8

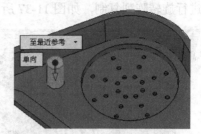

图 11-31　增加拉伸 2

提示：绘制草图创建"点"图素，可以应用于孔特征创建。

➜ **创建孔** 选择【实体】→【孔】命令，拾取草图中的点，设置钻孔增量为 5、直径为 2、孔底部为"平底面"、孔头部为"无孔"，确定创建孔特征，如图 11-32 所示。

➜ **创建平行平面** 选择【基准】→【平面】→【平行】命令，创建与 YOZ 平面平行通过孔中心的平行平面，如图 11-33 所示。

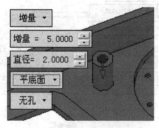

图 11-32　孔

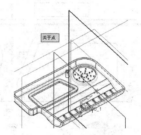

图 11-33　平行平面

➜ **创建基准轴** 选择【基准】→【轴】→【根据定义】命令，创建拉伸圆柱面的中心线为基准轴，如图 11-34 所示。

➜ **增加拉伸实体** 单击【增加拉伸】图标，再单击【草图】图标，选择刚创建的平行平面为草图平面，增加参考，再绘制直线并标注尺寸，如图 11-35 所示，完成草图后退出。设置增量选项为"中间平面增量"、增量为 1，确定创建增加拉伸特征，如图 11-36 所示。

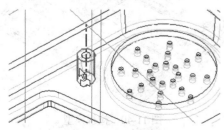

图 11-34　创建基准轴

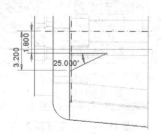

图 11-35　绘制草图 9

➡ **旋转阵列** 选择【编辑】→【复制图素】→【旋转阵列】命令，在"过滤"工具栏中单击【过滤面】图标，并将选项设置为"包括整个特征"，选取增加拉伸的面，单击鼠标中键确定。选取圆柱中心的基准轴为旋转中心，设置数量为 4、角度为 90，确定进行旋转陈列复制，如图 11-37 所示。

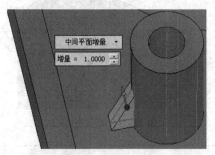

图 11-36　增加拉伸 3

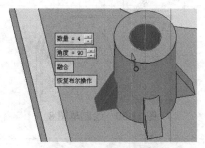

图 11-37　旋转阵列 2

➡ **线性复制** 选择【编辑】→【复制图素】→【线性】命令，单击"过滤"工具中的【过滤面】图标，将视图调整为仰视图，使用窗选方式选择圆柱及周边的筋条，单击鼠标中键确定。设置复制方式为"XYZ 增量"、X 值为"–52"，确定进行线性复制，如图 11-38 所示。

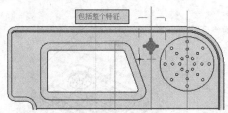

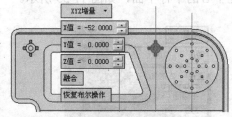

图 11-38　线性复制 1

再次选择【编辑】→【复制图素】→【线性】命令，选择与前一操作同样的面，设置复制方式为"XYZ 增量"、指定 X 值为 4、Y 值为 20，确定进行线性复制，如图 11-39 所示。

➡ **检视模型** 完成所有设计步骤后，对图形进行检视，效果如图 11-40 所示。

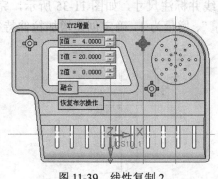

图 11-39　线性复制 2

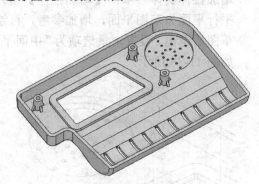

图 11-40　检视模型

➡ **保存文件** 以原文件名"T11"保存文件。

复习与练习

完成如图 11-41 所示的零件设计。

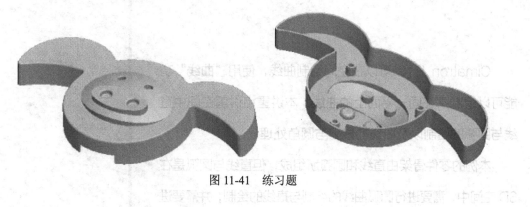

图 11-41 练习题

第 *12* 讲　曲线绘制

Cimatron E10 可以在空间绘制曲线，使用"曲线"功能可以绘制不在同一平面上的曲线。本讲重点讲解空间中直线与圆弧的绘制以及曲线的修剪与圆角处理。

本例的零件骨架由直线和圆弧所组成，但直线与圆弧是在 3D 空间中，需要进行圆弧曲线的绘制与直线的绘制，并需要进行修剪、圆角等处理。

本讲要点

📖 曲线绘制

📖 曲线编辑

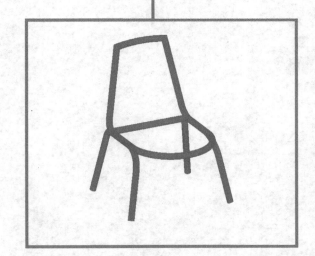

使用"曲线"功能可以在空间中绘制图形。与草图相比，曲线可以建立在空间中，而不限定于某一构图平面，但曲线创建中不能使用约束与驱动。

在 Cimatron E10 的曲线菜单中列出了曲线的各项应用，而常用的曲线工具可以在如图 12-1 所示的"曲线"工具条上选择。

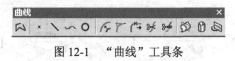

图 12-1　"曲线"工具条

12.1　曲　线　绘　制

12.1.1　点

单一点工具可以配合点过滤方式在指定位置建立单一点，"点"工具条如图 12-2 所示，分别对应端点、中点、圆心点、邻近曲线、曲面交点、穿插点、刀具路径、坐标原点、点、屏幕点、坐标和偏移。当捕捉到特征点时，光标将显示对应的形状。

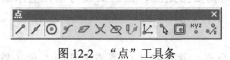

图 12-2　"点"工具条

提示： 一般无需创建点，进行其他操作时，可以直接通过点工具拾取点。

12.1.2　直线

选择直线指令后，可在浮动菜单中改变选项选择不同的直线创建方法，包括两点、两曲线、点垂直到曲线/曲面、起始在曲线/曲面上、与曲线相切和根据方向 6 种。比较常用的方法是根据方向、两点和两曲线。

1．根据方向

"根据方向"方式是在指定起始点后指定方向与长度生成一条直线，如图 12-3 所示。单击箭头的尾部，可以在弹出的选项中选择方向。

2．两点

"两点"方式是指定端点绘制直线。以该方式绘制直线时，可以选择"串"选项连续绘制，如图 12-4 所示，也可以选择"单一的"选项绘制一条直线。

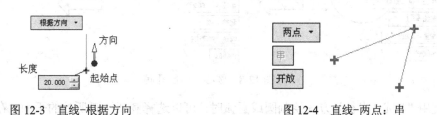

图 12-3　直线-根据方向　　　　　　　　图 12-4　直线-两点：串

3．两曲线

"两曲线"以曲线的切向或法向作直线。其作图步骤为：选择第 1 条曲线，指定其性质为"垂直"/"相切方向"，再选择第 2 条曲线，指定其性质，确定创建直线，如图 12-5 所示。

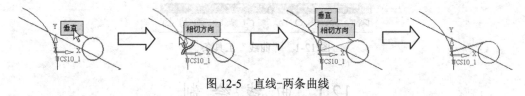

图 12-5　直线-两条曲线

> 提示：生成与圆弧相切的直线时，切点在靠近选择圆弧时的拾取位置。

12.1.3　圆

使用圆指令可以创建圆或者圆弧。圆的建立方法有 8 种，如图 12-6 所示为建立圆时浮动菜单中的选项。在建立时需要指定点、相切曲线与半径值来确定一个圆或圆弧。

1．3 点

在屏幕上依次指定 3 个点，并选择生成圆或者圆弧，单击特征向导栏中的【确定】或【应用】按钮即可生成一个圆或者一段圆弧，如图 12-7 所示。

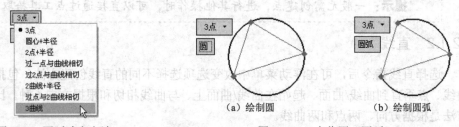

图 12-6　圆弧建立方法　　　　　图 12-7　3 点作圆（圆弧）

2．圆心+半径

指定圆心点后，设定半径值和起始角度、增量角度来生成圆弧，其中增量角度方向可以进行反转。如图 12-8 所示为以"圆心+半径"方式绘制圆弧的示例。

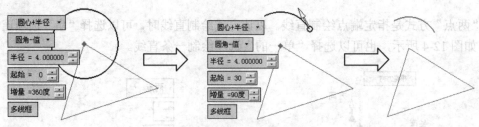

图 12-8　圆心+半径作圆弧

使用"圆心+半径"方式绘制圆或圆弧时，可以选择圆或圆弧所处的平面。在特征向导栏中可选选项"拾取参考平面"被激活，选择这一选项，再选择一个平面来放置圆弧，其操作步骤如图 12-9 所示。

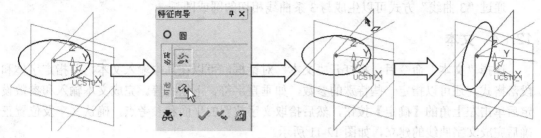

图 12-9　拾取参考平面

3．2 点+半径

以"2 点+半径"方式创建圆弧时，指定两个点并确定半径值，选择可选圆弧中的一段，确定创建圆弧，如图 12-10 所示。如果创建圆，则可以选择两个圆中的一个。

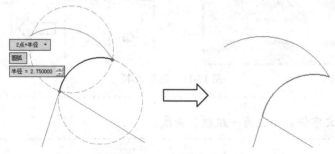

图 12-10　2 点+半径作圆弧

使用"2 点+半径"方式绘制圆弧，特征向导栏中的可选选项"拾取参考平面"被激活，可以选择一个点与所选的两个点限定一个平面来放置圆弧。

4．过一点与曲线相切

"过一点与曲线相切"方式通过指定一条相切曲线、一个点和半径值来绘制圆弧，生成的圆弧分成两段，可以选择其中的一段，确定创建圆弧。

5．过 2 点与曲线相切

"过 2 点与曲线相切"方式通过指定一条相切曲线和两个点来确定圆弧。

6．2 曲线+半径

"2 曲线+半径"方式通过指定两条相切曲线和半径值来绘制圆弧，生成的圆弧也分成两段，可以选择其中的一段。

7．过点与 2 曲线相切

"过点与 2 曲线相切"方式通过指定两条相切曲线和一个经过点来绘制圆弧。

8．3 曲线

通过"3 曲线"方式可以生成与 3 条曲线相切的圆或圆弧。

12.1.4 文本

选择"文本"命令后，将打开"文本"对话框，可以在其中输入文本，并指定字体和
段落格式，还可以指定一些特殊的参数，如垂直字符、下划线等。完成文本输入和参数设
定后单击左上角的【确定】按钮，然后拾取文字放置的平面和参考点，确认文字及位置正
确后完成文字曲线的建立，如图 12-11 所示。

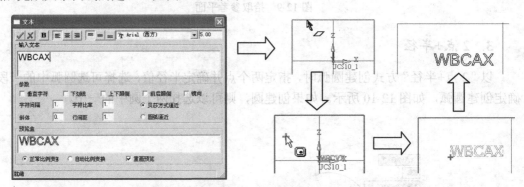

图 12-11　创建文本

 提示：文字将自动成为一组组合曲线。

12.2　曲　线　编　辑

12.2.1 延伸

可以对选择的曲线进行延伸或修剪，延伸的方式包括"线性延伸"和"自然延伸"
两种。线性延伸时以切线方向进行延伸；而自然延伸则按曲线原先的曲率进行延伸，如
图 12-12 所示。

指定延伸长度的方式有两种，分别是"增量"和"到参考"。"增量"方式直接指定延
伸长度；而"到参考"方式需要指定一个参考点或者其他参考图素，曲线将延伸到离参考
点最近的位置。

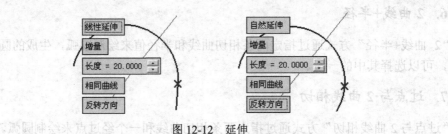

图 12-12　延伸

12.2.2 偏移

偏移操作需要选择曲线或边界，设定偏移方式，指定偏移值和偏移方向，与草图中偏移相似。在偏移选项中，有 4 种角落处理方法，分别是"圆角"、"尖角-自然延伸"、"尖角线性延伸"和"无延伸"，与草图中的处理方式相同。

12.2.3 角落处理

对两条曲线进行尖角、斜角或者倒圆角连接，与草图中的角落处理相似。但是修剪/延伸选项上有所差别，可以选择"修剪/延伸关"（不修剪曲线）、"修剪/延伸第一条边"、"修剪/延伸第二条边"或"修剪/延伸全部"选项，如图 12-13 所示。

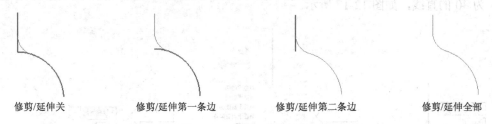

修剪/延伸关   修剪/延伸第一条边   修剪/延伸第二条边   修剪/延伸全部

图 12-13 圆角-裁剪/延伸

12.2.4 分割与修剪

对于绘制的曲线，可以依点、曲线、曲面或平面进行分割或修剪，分割与修剪曲线的区别在于修剪的曲线段将不保存，而分割曲线只是将曲线断开成两段或多段。

修剪曲线的操作步骤如下：选择欲修剪的曲线和修剪边界图素，指定修剪方向，确定进行修剪操作，如图 12-14 所示。

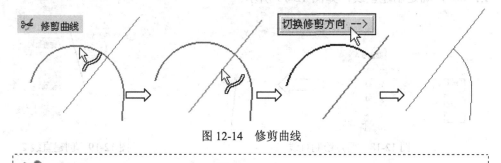

图 12-14 修剪曲线

> **提示：** 对圆进行分割或者修剪操作时，圆弧的起始点将影响修剪结果。

12.3 曲线的创建应用示例

绘制如图 12-15 所示的零件曲线。
- ➡ **新建文件** 启动 Cimatron E10，新建零件文件。
- ➡ **创建圆弧** 单击【圆】图标 ⊙，以原点为圆心，绘制半径为 32 的半圆，如图 12-16 所示。

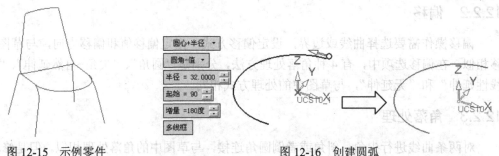

图 12-15 示例零件 　　　　　　　　　　　　　图 12-16 创建圆弧

→ **创建直线** 　单击【直线】图标 ＼，以圆弧端点为直线起点，指定"沿 X 轴"绘制长度为 40 的直线，如图 12-17 所示。

图 12-17 创建直线 1

将直线的创建方式改为"两点"，拾取直线端点，再单击"点"工具条中的 ﹖图标，输入坐标为"X：50"，"Y：-40"和"Z：-50"，确定创建直线，如图 12-18 所示。

拾取前一直线端点，单击"点"工具条中的 ﹖图标，输入坐标为"X：50"、"Y：-20"和"Z：60"，确定创建直线，如图 12-19 所示。

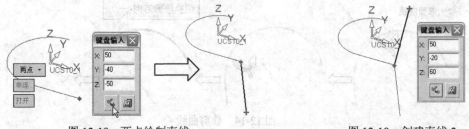

图 12-18 两点绘制直线 　　　　　　　　　　　　图 12-19 创建直线 2

→ **延伸** 　单击【延伸】图标 ，选择水平直线，向圆弧一侧延伸长度为 12，如图 12-20 所示。

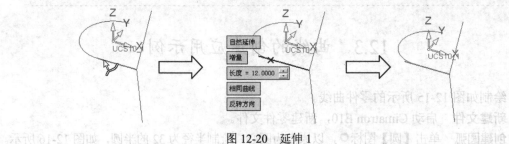

图 12-20 延伸 1

➔ **创建直线** 指定创建方式为"根据方向",选择延伸后的直线端点为直线起点,指定方向为沿右上方直线向下方,长度为 60,确定创建直线,如图 12-21 所示。

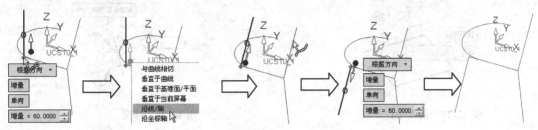

图 12-21 绘制直线 3

➔ **圆角** 单击【角落处理】图标 ,选取右下方直线与水平线,设置倒圆角半径为 6,如图 12-22 所示。选取左下方直线与水平线,设置倒圆角半径为 18,如图 12-23 所示。修改"修剪选项"为"修剪/延伸第一条边",选择右上方直线与水平直线,设置倒圆角半径为 10,如图 12-24 所示。

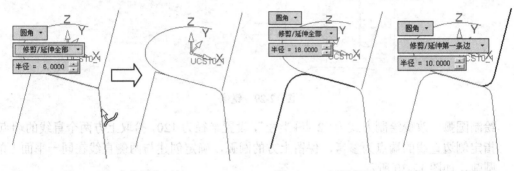

图 12-22 曲线圆角过渡 图 12-23 倒圆角 1 图 12-24 倒圆角 2

➔ **延伸** 单击【延伸】图标 ,选择圆弧的下半部分,选择"线性延伸"选项,延伸到圆角后的水平线端点,如图 12-25 所示。

➔ **创建主平面** 在坐标系上生成 3 个主平面,如图 12-26 所示。

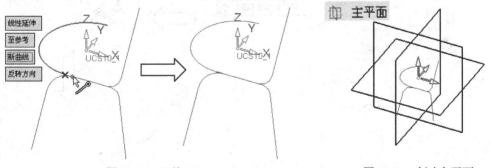

图 12-25 延伸 2 图 12-26 创建主平面

➔ **创建平行平面** 创建与 XOY 平面平行,向下偏移 50 的平面,如图 12-27 所示。

➔ **修剪曲线** 单击【修剪曲线】图标 ,以平行平面修剪左下方直线的下端,如图 12-28 所示。

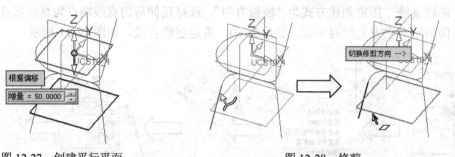

图 12-27　创建平行平面　　　　　　　　　　　图 12-28　修剪

➔ **镜像**　选择【编辑】→【复制图素】→【镜像】命令，选择除水平圆弧以外的所有曲线，以 XOZ 基准面为镜像平面进行镜像复制，如图 12-29 所示。

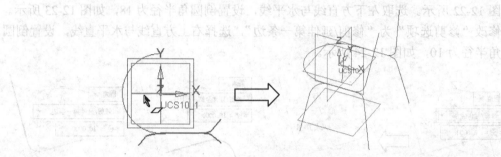

图 12-29　镜像

➔ **绘制圆弧**　改变绘制方式为"2 点+半径"，设置半径为 120，拾取上方两个直线的端点，指定侧边直线的端点为参考，保留上方的圆弧，确定创建与两侧直线在同一平面上的圆弧，如图 12-30 所示。

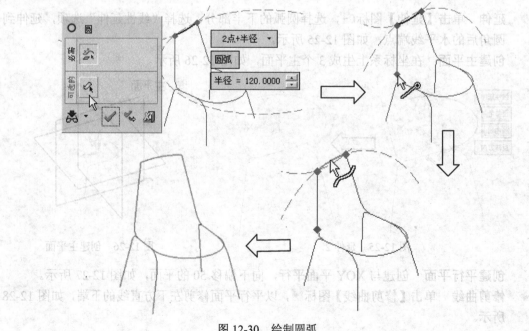

图 12-30　绘制圆弧

➜ **创建直线**　以"两点"方式绘制直线，拾取水平直线的端点，创建直线，如图 12-31 所示。

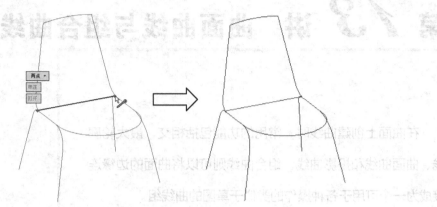

图 12-31　绘制直线 4

➜ **保存文件**　单击【保存】图标▣，输入文件名"T12"，保存文件。

复习与练习

绘制如图 12-32 所示零件的曲线模型。

图 12-32　练习题

第 13 讲　曲面曲线与组合曲线

在曲面上创建曲线时，常用的功能包括相交、最大轮廓线、曲面曲线和投影曲线。组合曲线则可以将曲面的边缘连接成为一个可用于各种操作的类似于草图的曲线组。

本例零件上有管道，管道的中心线是在曲面上分布的组合曲线，需要在曲面上创建曲线，包括下方水平的交线和小半圆的曲面边界线，上部的曲线则通过创建最大轮廓再偏移后投影到曲面上生成投影曲线，生成的曲线还需要进行修剪；文字部分则需要创建文本曲线，以文本曲线创建拉伸实体。

本讲要点

📖 相交线、最大轮廓线的创建

📖 曲面曲线的创建

📖 投影线的创建

📖 组合曲线的创建与应用

13.1　相　　交

利用"相交线"功能可生成曲面与曲面或曲面与平面的交线。创建相交曲线的步骤如图 13-1 所示，首先选择第 1 组曲面，再选择第 2 组曲面或平面，确定后在两组曲面的交线上生成相交曲线。

创建相交线时，可以选择是否创建组合曲线。

图 13-1　曲面相交线

13.2　最大轮廓线

利用"最大轮廓线"功能可以根据指定的拔模方向在单一曲面或多曲面上建立分模线，其操作步骤如下：选择曲面，单击箭头末端选择拔模方向，如有必要，可以设置拔模角，确定生成曲面最大轮廓线，如图 13-2 所示。

图 13-2　创建最大轮廓线

13.3　曲面曲线

利用"曲面曲线"功能可生成曲面的边界曲线、显示曲线或者指定曲线。

1．边界曲线

可在所选曲面的边界上建立曲线。选择"曲面曲线"功能并拾取一组曲面后，设置选项参数为"边"，即可确定生成曲面边界曲线，如图 13-3 所示。

2．显示曲线和边

选择"曲面曲线"功能并拾取一组曲面后，设置选项参数为"显示曲线＆边"，即可确定显示曲面所有的曲线和边，如图 13-4 所示。

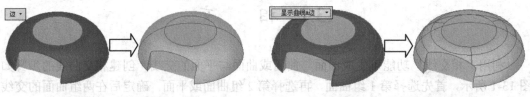

图 13-3　边界曲线　　　　　　　　图 13-4　显示曲线和边

> 📢 **提示**：显示曲线的数目可以调整。选择主菜单中的【视图】→【细节】→【显示曲线】命令，在打开的"显示曲线"对话框中设定横向截面与纵向截面的显示曲线数量，然后在图形上选择曲面调整其显示曲线数即可。

3．根据拾取

可在指定位置和截面方向创建单一的截面线或纵向截面线。选择"曲面曲线"功能并拾取一组曲面后，设置选项参数为"根据拾取"，然后选取一个点，指定其截面方向为"截面"或者"横截面"，即可确定生成截面线，如图 13-5 所示。

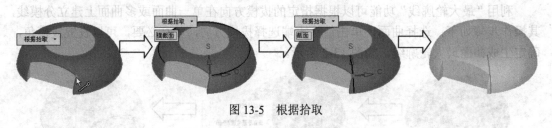

图 13-5　根据拾取

13.4　投　　影

利用"投影"功能可使选择的曲线依方向或曲面法向投影到一个或多个曲面上生成曲线。投影曲线的操作中需要选择曲线、投影的曲面或平面，并要设定投影方向。投影的方式包括"方向投影"和"法向投影"两种。

1．方向投影

选择"方向投影"选项时，选择的曲线按指定的矢量方向进行平行投影，如图 13-6 所示。

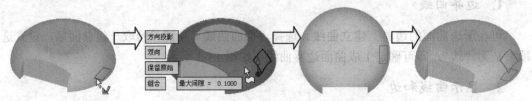

图 13-6　方向投影

2．法向投影

选择"法向投影"选项时，按曲面的法线方向进行投影，可以指定投影的最大距离，如图 13-7 所示。

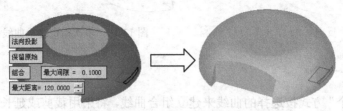

图 13-7　法向投影

> **提示：** 当投影曲线创建时指定的条件不能将曲线投影到曲面时，系统不能产生预览，也不能生成投影曲线。

13.5　组 合 曲 线

组合曲线也称串连曲线，是指通过连接两段或两段以上的曲线（直线、圆弧、边界和样条线等）生成单一的 2D 或 3D 曲线。

在创建实体时，单一的曲线如果不封闭将不能作为截面轮廓。此时需要创建组合曲线将多段曲线串连成一个整体。

在主菜单中选择【曲线】→【组合曲线】命令，或者单击工具栏中的【组合曲线】图标，进入组合曲线功能。组合曲线的建立方式包括串连、一个接一个、沿开放边、曲面外边界和 2D 单一曲线 5 种。在建立组合曲线的过程中可以进行方式的改变。

1．串连

使用"串连"方式可以选择起始与终止曲线，中间的所有曲线段都被串连选中。

选择一条曲线为起始曲线，并显示箭头表示串连方向，然后选择一段曲线为终止曲线，则在起始与终止曲线间的所有曲线都被选中进行组合曲线的建立，如图 13-8 所示。

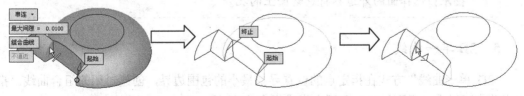

图 13-8　串连方式建立组合曲线

选择起始曲线时，系统将根据拾取线上点的位置接近哪一端来确定箭头的方向。单击箭头顶端可以改变箭头方向，如图 13-9 所示为选择反向后创建的组合曲线。指定终点曲线时可以进行多次选择，如图 13-10 所示。

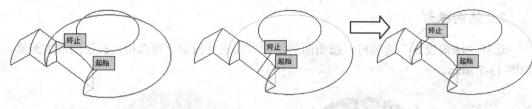

图 13-9　反向　　　　　　　　　　　　图 13-10　多次指定终止曲线

2. 一个接一个

"一个接一个"方式按选择的曲线来建立组合曲线,将采用裁剪或延长的方式在两条曲线的交点处进行连接,如图 13-11 所示。

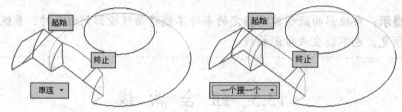

图 13-11　"串连"与"一个接一个"方式

提示:把不相连的曲线延伸到交点或者在交点打断连接到下一曲线。

3. 沿开放边

"沿开放边"方式沿开放的面边界进行连接,选择起始线与终止线,系统将沿开放的边连接。它与"串连"方式的差别在于只选择曲面的开放边界,而"串连"方式选择最简单的路径。

4. 曲面外边界

选择"曲面外边界"选项,可使一个或一组曲面自动连接成封闭轮廓。

提示:选择面的外边界将忽略面上的孔。

5. 2D 单一曲线

"2D 单一曲线"方式在指定点的位置寻找最小的包围边界,创建封闭的组合曲线。指定点前也可以定义平面,将在平面内生成组合曲线。

提示:创建组合曲线后,原曲线依旧存在,可以通过选择过滤方式选择组合曲线或者单一曲线。

13.6　曲面曲线创建应用示例

完成如图 13-12 所示的曲面上的曲线绘制。

图 13-12　示例

→ **新建文件**　启动 Cimatron E10，新建零件文件。

→ **创建主平面**　在坐标系上生成 3 个主平面，如图 13-13 所示。

→ **绘制草图**　在 XOY 基准面上绘制草图，如图 13-14 所示。

→ **新建旋转实体**　以草图为截面绕 Y 轴旋转创建一个旋转实体，如图 13-15 所示。

图 13-13　创建主平面

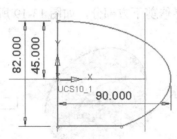

图 13-14　绘制草图

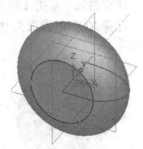

图 13-15　新建旋转实体

→ **创建最大轮廓线**　单击【最大轮廓线】图标 🛢，选择旋转实体表面并确认，再单击箭头末端，选择拔模方向为"沿 Y 轴"，确定生成曲面最大轮廓线，如图 13-16 所示。

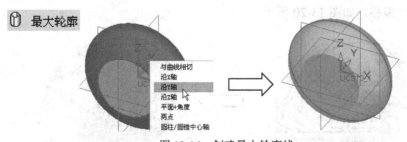

图 13-16　创建最大轮廓线

→ **创建曲面边界曲线**　单击【曲面曲线】图标 ≋，选择圆形平面，生成曲面的边界曲线，如图 13-17 所示。

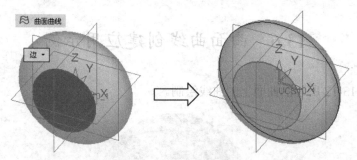

图 13-17　曲面边界曲线

➔ **创建相交曲线**　单击【相交曲线】图标⊘，选择环形曲面和 XOY 平面，生成曲面相交曲线，如图 13-18 所示。

图 13-18　相交曲线

➔ **修剪曲线**　单击【修剪曲线】图标⊱，选择最大轮廓线与边界曲线为要修剪的曲线，选择 XOY 基准面为修剪边界修剪下方部分，如图 13-19 所示。

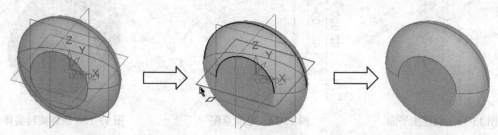

图 13-19　修剪曲线

➔ **偏移曲线**　单击【偏移】图标✐，选择顶部的最大轮廓线朝内偏移 8，再选择偏移后的曲线进行偏移，如图 13-20 所示。

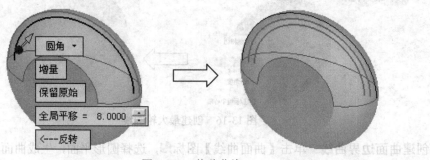

图 13-20　偏移曲线

➔ **投影曲线**　单击【投影】图标◁，选择上方偏移曲线"沿 Y 轴"投影到环形曲面，生成曲面投影曲线，如图 13-21 所示。

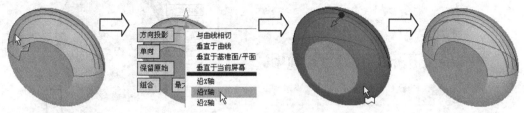

图 13-21　投影曲线

➔ **创建组合曲线**　单击【组合】图标△，指定串连方式为"一个接一个"，选择一条曲线，再选择起始端相邻的曲线，确定创建组合曲线，如图 13-22 所示。

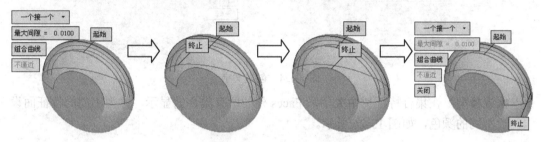

图 13-22　创建组合曲线

➔ **增加管道**　选择【实体】→【增加】→【管道】命令，选择组合曲线，创建直径为 8 的管道，如图 13-23 所示。

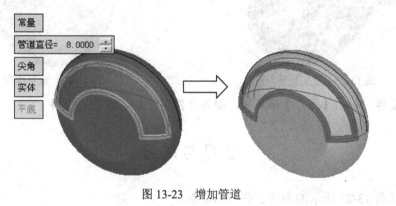

图 13-23　增加管道

➔ **创建文字**　选择【曲线】→【文字】命令，将打开"文字"对话框，输入文本"cimatron E10 中文版视频教程"，指定水平对齐方式为 ≡（居中），垂直对齐方式为 ≡（顶部），字体高度为 14，单击【确定】按钮✓。在浮动菜单中将文字放置方式改为"2D 曲线"，拾取下方的偏移曲线，再指定曲线的中点为参考点，确认文字及位置正确后建立文字曲线，如图 13-24 所示。

➔ **增加拉伸**　单击【增加拉伸】图标▤，以文字曲线为截面线进行拉伸，使用"关于参考"方式，并指定"自参考偏移"为 3，选择管道中间的面，确定生成拉伸实体，如图 13-25 所示。

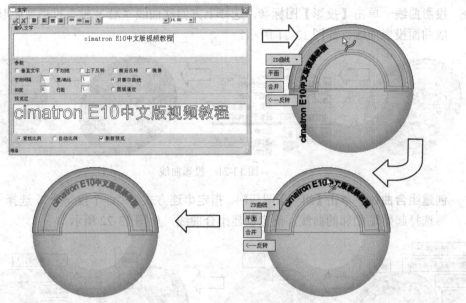

图 13-24　创建文字

➔ **检视模型**　在集合特征树中关闭除 Faces 外的所有集合的显示，并为不同的特征面设置不同的颜色，如图 13-26 所示。

图 13-25　增加拉伸

图 13-26　检视模型

➔ **保存文件**　单击【保存】图标■，输入文件名"T13"，保存文件。

复习与练习

完成如图 13-27 所示的曲面上曲线的绘制。

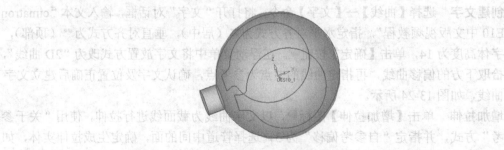

图 13-27　练习题

第部是在线中间隙最大 l ~300 间的。而以用于提供名称就使真的来除充面成以用度
直轴，想成量程序函数，用其工作程序为之，成而显出之进程的。
在 Chapter B10 的【曲面】是中的中面面相部分，以此是关注的。
（3.7 节）组曲曲面建建实验的【分析其样】，应使分之。

第 **14** 讲　曲面绘制

　　曲面设计可以用于设计形状更加复杂的特征。扫掠、旋转、导动曲面设计与实体创建类似；边界、网格、扫描曲面则通过多个曲线来设计曲面。本讲重点讲解不同曲面创建方式的设计步骤与参数设置。

　　本例零件由于形状较为复杂，需要应用曲面建模。顶部为回转面，采用旋转曲面进行创建；其下部的连接面上下半径不等，沿一个圆弧，采用导动面进行创建；基座顶部的水平面有内外边界，采用混合面进行创建；基座的过渡部分较为复杂，采用网格曲面进行创建；基座底部为向下带有斜度的拉伸面，采用扫掠曲面进行创建；底面采用边界曲面封闭；最后将这些面缝合为实体。

本讲要点

📖 扫掠曲面的创建

📖 旋转曲面的创建

📖 导动曲面的创建

📖 混合曲面的创建

📖 边界、网格、扫描曲面的创建

📖 组合曲面与缝合曲面的应用

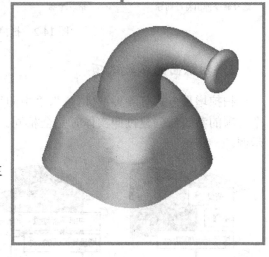

　　曲面是三维设计中最强大的一项功能，可以用于构建各种形状复杂的表面和难以用规则特征创建的物体表面。相对于实体而言，曲面是没有厚度的。

　　在 Cimatron E10 的【曲面】菜单中列出了曲面的各项应用功能。"曲面"工具条中则列出了常用的曲面创建与编辑命令，如图 14-1 所示。

图 14-1　"曲面"工具条

14.1　扫掠曲面

　　扫掠曲面是指将一个截面经过拉伸产生一个曲面的方法，类似于实体设计中的拉伸。其操作步骤以及参数选项都与拉伸实体相似，但扫掠曲面可以选择开放曲线创建曲面。

1.　扫掠曲面的创建步骤

　　扫掠曲面的创建步骤如下：选择【扫掠面】命令，拾取轮廓或者草图，然后设置扫掠增量选项并确定扫掠方向，预览正确后，单击特征向导栏中的【确定】按钮创建曲面，如图 14-2 所示。

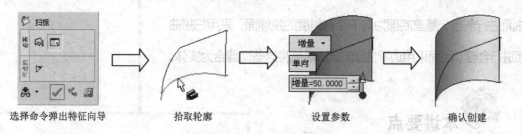

选择命令弹出特征向导　　　　拾取轮廓　　　　　　设置参数　　　　　确认创建

图 14-2　扫掠曲面创建过程

2.　扫掠面的参数选项

　　扫掠增量方式有 4 种："增量"、"中间平面增量"、"到最近参考"和"到参考"。各个选项的参数与创建拉伸实体时完全相同。如图 14-3 所示为使用不同增量指定方式的示例。

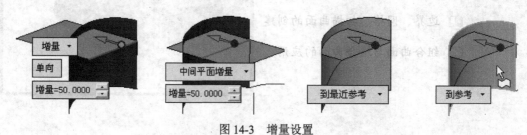

图 14-3　增量设置

　　创建扫掠曲面时，在可选选项中选择指定拔模角，可以创建带拔模角的扫掠面。

14.2　旋　转　曲　面

利用"旋转曲面"功能可创建一个截面绕旋转中心轴线旋转产生的曲面，与旋转实体的操作类似。

创建旋转曲面的步骤如图 14-4 所示，选择轮廓后，指定旋转轴，再设置角度增量，确定创建旋转曲面。旋转角度增量的设置方法包括"增量"、"双向"与"中间平面"3 种。

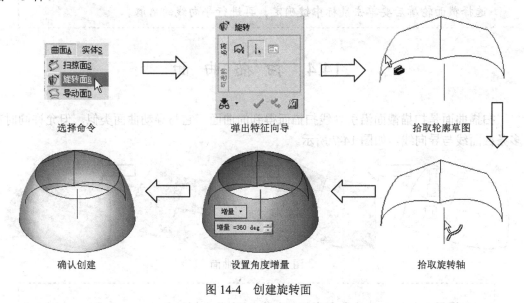

图 14-4　创建旋转面

14.3　导　动　曲　面

导动曲面以截面线沿着导动线（脊线）依平行或垂直做出一曲面。

首先要选择截面，选择完成后单击鼠标中键退出。再选择导动线，则在图形上将生成预览，确定创建导动曲面即可。选择不同的截面线与导动线将产生不同的导动面。如图 14-5 所示为选择单一截面线与单一导动线创建的导动面，而图 14-6 所示为选择两条截面线与两条导动线创建导动面。

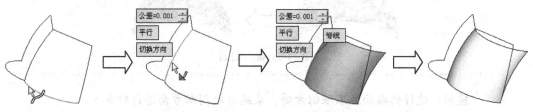

图 14-5　单一断面线与单一导动线的导动面

图 14-6　两条截面+两条导动线创建导动曲面

> **提示**：选择超过两条截面线时，只能使用一条导动线；而选择一条或两条截面线时，最多使用两条导动线。
> 选择截面轮廓后要单击鼠标中键确定，再进行导向线的拾取。

14.4　扫　描　曲　面

扫描曲面是扫描截面沿引导线扫描而得到的曲面，它与导动曲面类似，但允许同时有多条截面线与导向线，如图 14-7 所示。

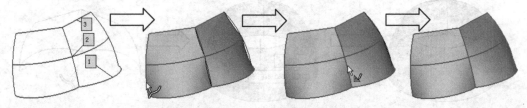

图 14-7　扫描曲面

> **提示**：扫描曲面的导向线必须与每一个截面都相交。

14.5　混　合　曲　面

混合曲面将多个断面线进行连接生成一个曲面。如图 14-8 所示，依次拾取截面曲线，确定创建一个混合曲面。

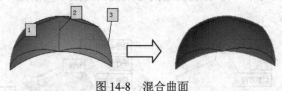

图 14-8　混合曲面

> **提示**：选择的截面线不限制方向，系统自动判断方向进行对齐。

14.6 边界曲面

边界曲面以组合曲线为边界生成曲面。选择【边界曲面】命令后，选择一个组合曲线，则生成一个边界曲面的预览，确定即可创建边界曲面，如图 14-9 所示。

图 14-9 边界曲面

> **提示**：选择的组合曲线可以是开放的，系统会自动将开放的两端点以直线相连，生成边界曲面。

14.7 网格曲面

选择横向和纵向上的截面曲线，系统将自动根据这些曲线生成网格面。

创建网格曲面时，首先要拾取截面轮廓，完成后单击鼠标中键退出；再拾取纵向截面轮廓，确定生成网格曲面，如图 14-10 所示。

图 14-10 创建网格曲面

14.8 组合曲面与缝合

1. 组合曲面

"组合曲面"功能可以将相连接的曲面组合为单一曲面。如图 14-11 所示，选择两个曲面后确定生成一个曲面。

图 14-11 组合曲面

提示：进行组合曲面时所选择的曲面必须有共同的边界。

2．缝合

"缝合"功能可以将选取的多个曲面结合为一个物体；而取消"缝合"功能则可将一个整体中的曲面分离成单个的曲面。曲面缝合前，当使用物体过渡方式选择曲面时，拾取的是单个的曲面或一个局部；曲面缝合后，当使用物体过渡方式选择曲面时，将拾取一个缝合后的整体，如图 14-12 所示。

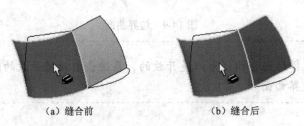

（a）缝合前   （b）缝合后

图 14-12　曲面缝合前后

提示：一个实体上的所有面、一次操作中创建的多个曲面，都将作为一个缝合的物体。

14.9　曲面的创建应用示例

完成如图 14-13 所示的零件曲面绘制。

➡ **新建文件**　启动 Cimatron E10，新建零件文件。

➡ **创建主平面**　在坐标系上生成 3 个主平面。

➡ **绘制草图**　在 XOZ 平面绘制如图 14-14 所示的草图。

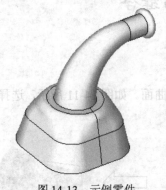

图 14-13　示例零件

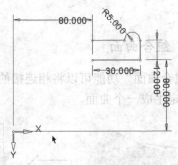

图 14-14　绘制草图 1

➡ **创建圆**　单击【圆】图标 ⚪，在原点绘制半径为 20 的圆，如图 14-15 所示。再绘制一个半径为 30 的圆，如图 14-16 所示。

➡ **创建竖直面上的圆** 在草图直线端点绘制半径为 12 的圆,指定 YOZ 基准面为指定参
考面,确定绘制一个在竖直面上的圆,如图 14-17 所示。

图 14-15 绘制圆 1　　　　　图 14-16 绘制圆 2　　　　　图 14-17 绘制圆 3

➡ **创建圆弧** 改变圆的绘制方式为"2 点+半径",绘制半径为 80 的圆弧,如图 14-18 所示。

➡ **绘制草图** 在 XOZ 基准面上绘制草图,如图 14-19 所示,完成草图后退出。

➡ **旋转阵列** 选择【旋转阵列】命令,将草图绕 Z 坐标主轴阵列,如图 14-20 所示。

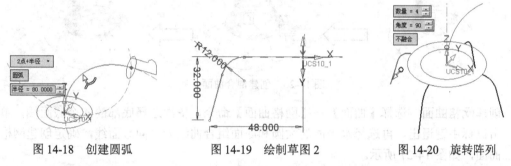

图 14-18 创建圆弧　　　　　图 14-19 绘制草图 2　　　　　图 14-20 旋转阵列

➡ **创建平行平面** 选择【平行平面】命令,创建过草图下端点的水平面,如图 14-21
所示。

➡ **绘制草图** 在最后创建的平行平面上绘制草图,如图 14-22 所示,完成草图后退出。
完成的所有曲线如图 14-23 所示。

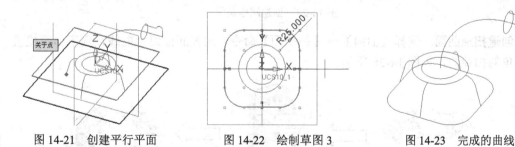

图 14-21 创建平行平面　　　　　图 14-22 绘制草图 3　　　　　图 14-23 完成的曲线

➡ **创建旋转曲面** 选择【曲面】→【旋转面】命令,选择顶端的组合曲线,再选择水平
直线为旋转轴,确定创建旋转曲面,如图 14-24 所示。

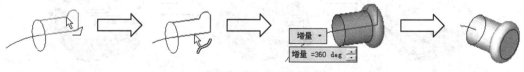

图 14-24 创建旋转面

➜ **创建导动曲面** 选择【曲面】→【导动面】命令，选择顶端圆为第一个截面线、水平面内的小圆为第二个截面线，单击鼠标中键退出截面线选择，再选择圆弧为导向线，确定创建导动曲面，如图 14-25 所示。

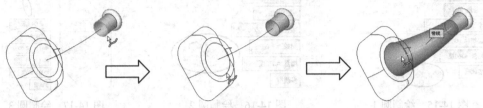

图 14-25 创建导动面

➜ **创建混合曲面** 选择【曲面】→【混合曲面】命令，选择水平面内的两个圆为截面线，确定创建混合曲面，如图 14-26 所示。

图 14-26 创建混合曲面

➜ **创建网格曲面** 选择【曲面】→【网格曲面】命令，依次选择底部的 4 个截面线，单击鼠标中键退出，再选择水平面的大圆和底面组合曲线为纵向截面线，确定创建网格曲面，如图 14-27 所示。

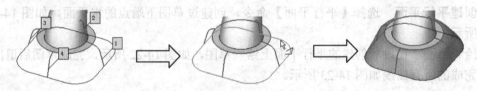

图 14-27 创建网格曲面

➜ **创建扫掠曲面** 选择【曲面】→【扫掠面】命令，选择底面组合曲线，向下作带拔模角的扫掠面，如图 14-28 所示。

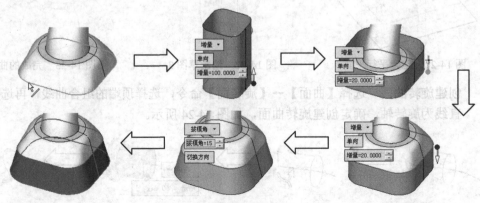

图 14-28 创建扫掠曲面

→ **创建边界曲面**　选择【曲面】→【边界曲面】命令，选择底面边缘创建边界曲面，如图 14-29 所示。

→ **缝合曲面**　选择【曲面】→【缝合】命令，选择所有曲面，确定进行缝合，则所有曲面将结合为一个实体，如图 14-30 所示。

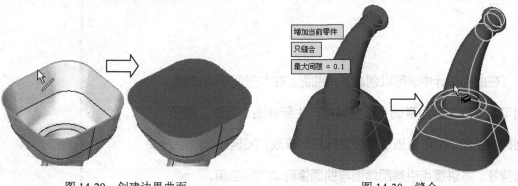

图 14-29　创建边界曲面　　　　　　　　　　图 14-30　缝合

→ **保存文件**　单击工具栏中的【保存】图标🖫，输入文件名"T14"，保存文件。

复习与练习

完成如图 14-31 所示的曲面设计。

图 14-31　练习题

第15讲 曲面圆角与曲面编辑

在曲面设计中，可以创建圆角曲面。在曲面间平滑过渡，也可以现有曲面为基础，通过偏移产生新曲面。另外，对于创建的曲面，也可以通过编辑进行局部修改，如延伸、分割、修剪等。本讲重点讲解圆角面与曲面修剪功能的应用。

本例零件采用曲面造型方法设计，由于零件的曲面之间普遍采用平滑过渡，需要进行曲面倒圆角；由于存在一些交叉的面，需要进行修剪，修改时可以采用面、点、曲线作为边界。

本讲要点

- 圆角面的创建
- 偏移曲面的应用
- 曲面的延伸、分割与修剪操作

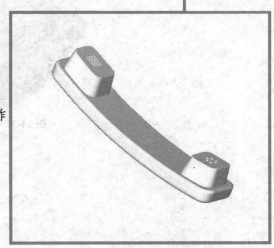

15.1　曲面圆角过渡

"圆角面"功能可在两组曲面之间产生圆角过渡曲面，这在设计中非常常用。

圆角面的操作步骤如下：选择曲面/圆角指令，选择第一组曲面，单击鼠标中键确认，然后选择第二组曲面，确定曲面的法线方向并设置选项参数，确定生成过渡曲面，如图 15-1 所示。

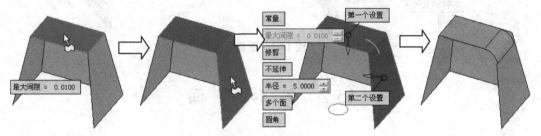

图 15-1　圆角面

 提示： 选择的每一组曲面必须是连续的。

创建圆角面时，需要选择两组曲面。选择第一组曲面后单击鼠标中键退出，再选择第二组曲面。选择曲面后，需要确定面的法线方向，法线方向将决定创建的圆角面的位置。

在圆角的选项参数中，"最大间隙"表示产生的过渡曲面与原曲面的最大间隙值，属于公差范围；"半径"值即为过渡圆角面的大小。其他选项介绍如下。

1. 修剪/不修剪

在生成圆角过渡面时，对原曲面可以使用"修剪"或者"不修剪"方式。

2. 延伸/不延伸

在生成圆角过渡面时，圆角后两个面的边界不一定完全相同，延伸方式将延伸到所有面的边界。

3. 多个面/单个面

选择的一组曲面包含多个曲面时，可以选择产生的过渡曲面为多个面或者是单个面。

4. 圆角/平的

使用"圆角"方式产生圆角过渡，使用"平的"方式将产生倒斜角过渡，且使用对称的斜角，两侧距离相等。

5. 变量

单击"常量"选项切换为"变量"，可以产生变半径的圆角过渡曲面。选择"变量"选项倒圆角时，需要在圆角边界上选择点并指定该点的半径值，如图 15-2 所示为指定两端点的半径值为 2、中点的半径值为 5，产生的变半径的圆角面。

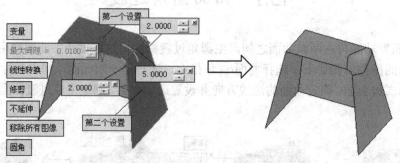

图 15-2　变量

15.2　偏移曲面

偏移曲面用于创建与原有曲面等距偏置的曲面。选择偏移曲面指令，再选择一个曲面，确认其偏移方向，然后设置偏移的选项参数，确定生成偏移曲面，如图 15-3 所示。

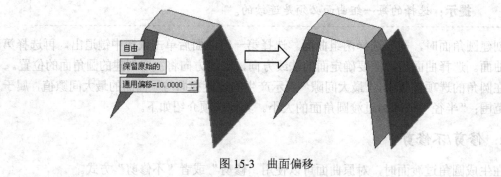

图 15-3　曲面偏移

> 提示：偏移距离是正值，如果方向相反，则改变法线方向。

曲面偏移中有"自由" / "延伸"选项。"自由"方式产生的偏移曲面与相邻的曲面没有相关性；"延伸"方式产生的偏移曲面将相对邻近的曲面作自然延伸，如图 15-4 所示。

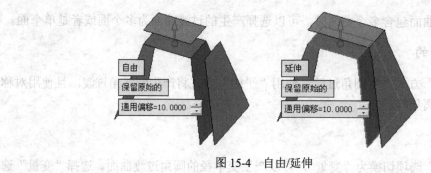

图 15-4　自由/延伸

15.3　延伸、分割和修剪

15.3.1　延伸

延伸曲面可以在开放的曲面边界延伸或建立一个新的曲面。创建延伸曲面的延伸方式包括"相切方向"、"自然方向"和"自然–多方向连续"3 种,常用的为"相切方向"与"自然方向"方式。

1.　相切方向

"相切方向"方式以曲面的切线方向进行延伸建立一个新的曲面,如图 15-5 所示。

2.　自然方向

"自然方向"方式以曲面的原曲率向曲面法线方向进行延伸建立一个新的曲面,并且可以选择"相同的面"选项将延伸的曲面与原曲面结合为一体,如图 15-6 所示。

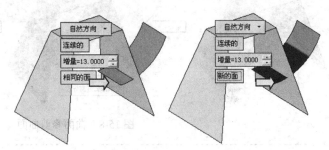

图 15-5　相切方向延伸曲面　　　　　　　　图 15-6　自然方向延伸曲面

15.3.2　分割

分割曲面指将一个曲面分割成两个或者多个曲面。

先选择曲面,选择完成后确认退出,再拾取用于分割的物体,可以是点、线、平面和曲面,完成选择后单击【确定】按钮即可分割曲面,如图 15-7 所示。分割曲面的操作与修剪曲面的操作是相似的,只是分割的两侧部分均作保留。

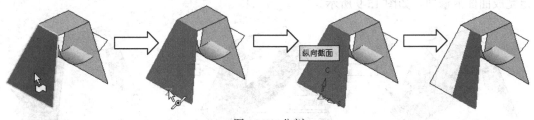

图 15-7　分割

15.3.3　修剪

修剪是较常用的曲面调整方法,可以将曲面的多余部分进行修剪。修剪时可以选择点、平面和曲面、曲线/边界作为修剪工具。

1. 点

以点进行曲面修剪时，操作步骤如下：选择曲面，单击鼠标中键退出；选择点过滤方式并拾取点；确定修剪方向与修剪侧边，系统将显示选项参数并预览；设置"截面"或"纵向截面"，并切换修剪方向到正确位置；确定进行修剪。

> **提示**：截面方向与纵向截面的方向取决于曲面生成时产生的流线方向。

2. 平面/曲面

在选择曲面后选择一个平面或者曲面，然后通过"切换修剪方向"选项指定到正确修剪侧，确定完成曲面的修剪，如图 15-8 所示。

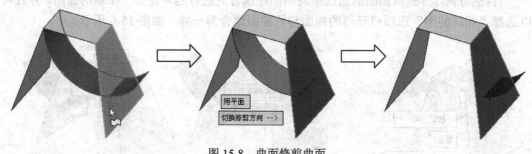

用平面
切换修剪方向 --->

图 15-8　曲面修剪曲面

> **提示**：使用曲面裁剪曲面时，两个曲面的交线必须能在被修剪的曲面形成封闭或者超出边界。

3. 曲线/边界

以曲面为修剪工具时，在选择曲面后选择一条曲线或一个边界，然后设置投影方式为"法向投影"或者"方向投影"，并可以通过"切换修剪方向"选项指定到正确修剪侧，确定完成曲面的修剪，如图 15-9 所示。

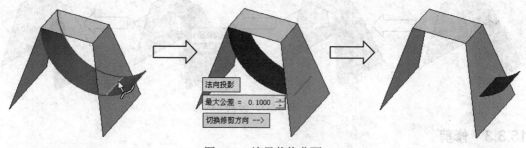

法向投影
最大公差 = 0.1000
切换修剪方向 -->

图 15-9　边界裁修曲面

在投影选项中可以选择"方向投影",即使用曲线按指定方向投影到曲面上对曲面进行修剪。使用"方向投影"方式时,需要指定合适的矢量方向,并可以通过"切换修剪方向"选项指定到正确修剪侧,确定完成曲面的修剪,如图 15-10 所示。

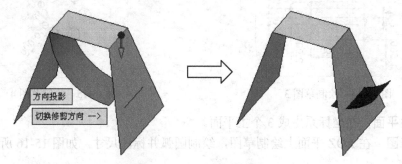

图 15-10　方向投影修剪曲面

15.4　曲面的绘制与编辑应用示例

完成如图 15-11 所示的零件曲面绘制。

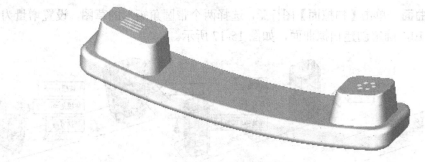

图 15-11　示例零件

➔ **新建文件**　启动 Cimatron E10,新建零件文件。

➔ **绘制外形草图**　在 XOY 基准面上绘制草图,如图 15-12 所示,完成后退出草图。

➔ **绘制草图**　在 XOY 基准面上绘制草图,如图 15-13 所示,完成后退出草图。

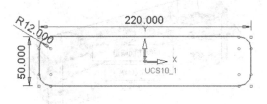

图 15-12　绘制草图 1

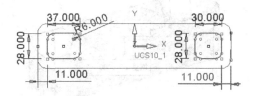

图 15-13　绘制草图 2

再次在 XOY 基准面绘制草图,绘制草图 3(见图 15-14)和草图 4(见图 15-15),完成草图后退出。

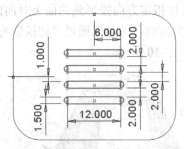

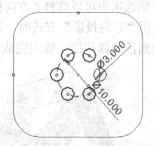

图 15-14　绘制草图 3　　　　　　　　　　图 15-15　绘制草图 4

➔ **创建主平面**　在坐标系生成 3 个主平面。

➔ **绘制草图**　在 XOZ 平面上绘制草图，绘制圆弧并标注尺寸，如图 15-16 所示。

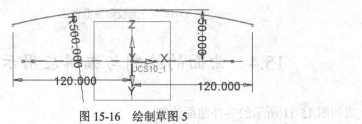

图 15-16　绘制草图 5

➔ **创建扫掠曲面**　单击【扫掠面】图标 🖉，选择两个带圆角矩形的草图，设置增量为 60，拔模角为 10，确定创建扫掠曲面，如图 15-17 所示。

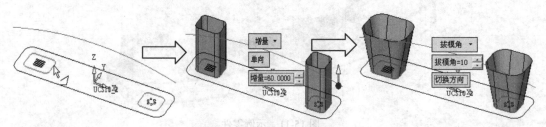

图 15-17　创建扫掠曲面 1

选择外形曲线，向上拉伸 60，确定创建扫掠曲面，如图 15-18 所示。
选择顶部曲线，对称拉伸 60，确定创建扫掠曲面，如图 15-19 所示。

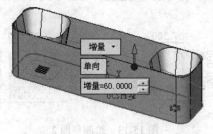

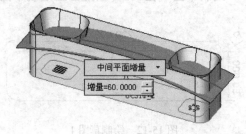

图 15-18　创建扫掠曲面 2　　　　　　图 15-19　创建扫掠曲面 3

➔ **偏移曲面**　单击【偏移曲面】图标 🖫，选择顶部曲面，向下偏移 15，确定创建偏移曲面，如图 15-20 所示。再次单击【偏移曲面】图标 🖫，选择偏移产生曲面，向下偏移 20，如图 15-21 所示。

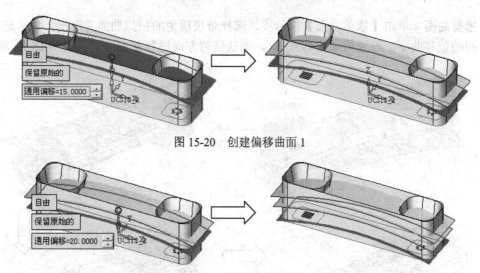

图 15-20　创建偏移曲面 1

图 15-21　创建偏移曲面 2

➡　**曲面倒圆角**　单击【圆角面】图标，选择顶部曲面并退出，然后选择外形曲面并退出，设置半径为 5，确定创建倒圆角曲面，如图 15-22 所示。

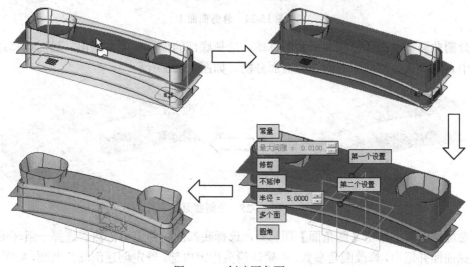

图 15-22　创建圆角面 1

选择中间的偏移曲面并退出，然后选择外形曲面并退出。修改倒圆参数，并确认箭头指向内部，确定创建倒圆角曲面，如图 15-23 所示。

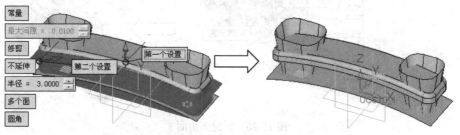

图 15-23　创建圆角面 2

➡ **修剪曲面** 单击【修剪曲面】图标，选择带拔模角的扫掠曲面并退出，然后选择中间的偏移曲面，设置为"修剪双方"，确认修剪方向进行曲面修剪，如图 15-24 所示。

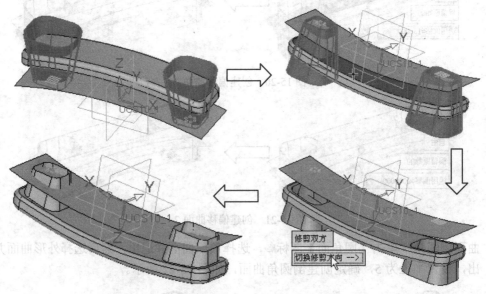

图 15-24 修剪曲面 1

➡ **分割曲面** 单击【分割曲面】图标，选择底部的偏移曲面并退出，然后选择边界的中点，确认分割截面方向进行曲面分割，如图 15-25 所示。

图 15-25 分割曲面

➡ **曲面倒圆角** 单击【圆角面】图标，选择底部曲面并退出，然后选择一组环形的扫掠曲面并退出，修改圆角参数，并确认箭头指定内部，确定创建倒圆角曲面，如图 15-26 所示。以同样的方法对另一侧进行倒圆角，如图 15-27 所示。

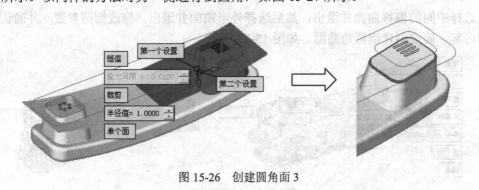

图 15-26 创建圆角面 3

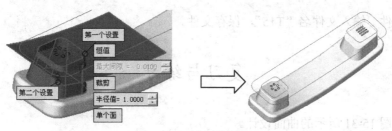

图 15-27　创建圆角面 4

➡ **修剪曲面**　单击【修剪曲面】图标 ，选择底部的曲面并退出。选择草图曲线，系统将提示预览失败，单击【确认】按钮关闭提示对话框。改变法向投影选项为"方向投影"，并确定箭头指向下方。单击特征向导栏中的【预览】按钮进行预览，确定进行曲面修剪，如图 15-28 所示。

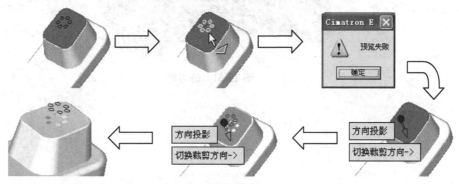

图 15-28　修剪曲面 2

以同样的方法选择另一侧的曲线，对曲面进行修剪，如图 15-29 所示。

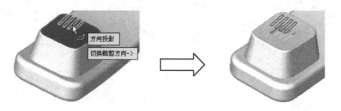

图 15-29　修剪曲面 3

➡ **缝合曲面**　在主菜单中选择【曲面】→【缝合】命令，系统将弹出缝合特征向导栏。选择所有曲面，确定进行缝合，则所有曲面将结合为一个整体。

➡ **抽壳**　单击【抽壳】图标 ，系统默认选择了缝合的整体，设定厚度为 1，确定进行抽壳操作，如图 15-30 所示。

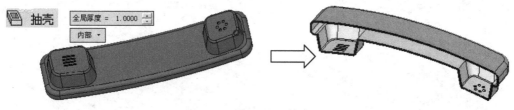

图 15-30　抽壳

➔ **保存文件**　输入文件名"T15"，保存文件。

复习与练习

完成如图 15-31 所示的曲面设计。

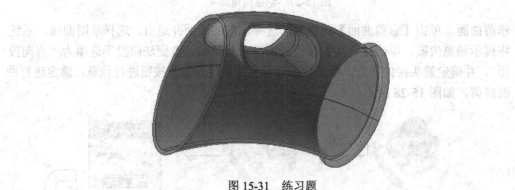

图 15-31　练习题

第 16 讲 分模设计

Cimatron E10 提供了模具设计与分模工具。分模工具将一个薄壁零件进行分模从而可以设计型腔与型芯。在快速断开以后，创建分模面并以分模面分割毛坯，然后通过输出模具部件产生型腔和型芯，再以激活工具对模具部件进行处理，产生最终的型腔和型芯零件。

本例将一个零件通过分模工具设计型腔与型芯零件，在此过程中，首先要确定拔模方向，进行分型面分析；创建分型线与分型面，再创建毛坯；然后输出模具部件，再应用激活工具进行分型面缝合和切除得到型腔与型芯零件。

本讲要点

📖 分模设计基础

📖 分型线的创建

📖 分型面的创建

📖 分模工具的应用

📖 输出模具组件

📖 激活工具的应用

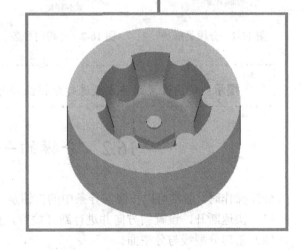

16.1　调用分模设计功能

分模设计是零件设计的一个子模块，可以从分模菜单中选择分模应用命令进行分模操作，分模菜单如图 16-1 所示。也可以打开如图 16-2 所示的分模向导条，选择其中的工具按钮进行分模操作。但建议通过设置向导进行分模操作。

Cimatron E10 软件的工具栏中有一行设置向导图标，单击【分模设置】图标，将打开"分模设置向导"对话框，如图 16-3 所示，选择零件进行分模，则会直接进入分模工作环境。

应用分模设置向导时，可以选择创建一个新的文件夹，在当前文件夹中将新建一个文件夹用以放置所有分模相关的文件，还可以直接应用收缩率改变工具模型。

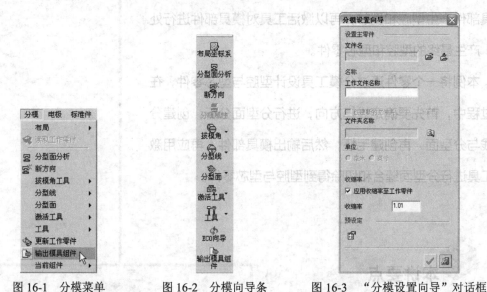

图 16-1　分模菜单　　　　图 16-2　分模向导条　　　　图 16-3　"分模设置向导"对话框

> 提示：使用设置向导方式进行分模操作时将保留原文件。

16.2　分模的一般步骤

分模操作时，通常可以按照向导条中的按钮从上至下操作。调入模型后进行以下操作。

（1）快速断开，设置新方向并进行断开检查，如有必要进行用户分配曲面。

（2）创建分型线与分型面。

（3）使用工具创建毛坯。

（4）输出模具组件。

（5）对输出的模具组件使用激活工具进行完善，以完成最终的型腔和型芯零件设计。

16.3 分 型 线

单击分模向导条中的【分型线】按钮 ⛭ᵈⁱᵉˢ，可打开其下级菜单，包括"分型线预览"、"内分型线"、"外分型线"和"组合曲线"4 个选项。

1. 分型线预览

选择"分型线预览"选项 ⛭ 分型线预览，系统将自动显示出当前的分型线。其中，内分型线以红色显示，外分型线以蓝色显示，如图 16-4 所示，可以检查分型线的情况。

2. 内分型线

选择"内分型线"选项 ⛭ 内分型线，系统将弹出内分型线特征向导，并要求输入连接公差值，确定生成模型的内分型线，如图 16-5 所示。

图 16-4　预览分型线　　　　　　　　　　图 16-5　创建内分型线

3. 组合曲线

选择"组合曲线"选项，可以创建外分型线，也可以人为地指定分型线。创建组合曲线的方法与曲线功能中的组合曲线相同。选择组合曲线功能后，首先指定一个边界为起始边，再在其起始方向边选择一条相邻的边界为终止边，则可以创建组合线作为零件的外分型线。

4. 外分型线

在主菜单中选择【分模】→【分型线】→【外分型线】命令，系统将自动判断，快速创建外分型线。

16.4 分 型 面

单击分模向导条中的【分型面】按钮 ⛭ᵈⁱᵉᵐ，可打开其下级菜单，如图 16-6 所示，可以看到不同的分型面创建方法，其中的边界曲面、岛屿、混合、导动、扫掠、延伸平面&圆锥曲面、通过草图等分型面的创建方法与曲面设计菜单中对应的曲面设计方法完全一致。

图 16-6　分型面菜单

1.　外分型面

选择"外分型面"选项 外分型面，系统将弹出分型面特征向导。通常要先选择（创建）一个边界组合曲线，然后即可看到是以该组合曲线向外延伸一段距离生成一个分型面，在浮动菜单上指定宽度，单击特征向导栏中的【确定】按钮完成外分型面的创建，如图 16-7 所示。

2.　内分型面

选择"内分型面"选项 内分型面，系统将弹出内分型面特征向导，并自动捕捉创建的所有内分型线，创建内分型面，如图 16-8 所示。

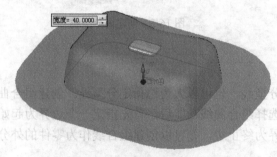

图 16-7　创建外分型面

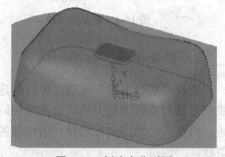

图 16-8　创建内分型面

提示：若没有内分型线，则不能创建内分型面，系统将给出警告信息。

16.5　工　　具

单击分模向导条中的【工具】按钮 ，可打开其下级菜单，常用功能介绍如下。

1.　收缩率

进行收缩率特征创建，这与实体菜单的缩放功能是一致的。

提示：使用分模设置向导方式设置了比例缩放后，在此再进行比例缩放，将修改缩放比例，并不会缩放两次。

2. 创建新毛坯

选择"新建毛坯"选项 新毛坯 ，系统将弹出拉伸实体特征向导，即采用新建拉伸方法产生一个新的实体作为毛坯，如图 16-9 所示。

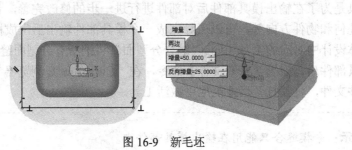

图 16-9　新毛坯

3. 工作坐标系

工作坐标系可以创建分模的工作坐标系。选择"工作坐标系"选项 工作坐标系 ，将产生一个包容盒，选择特征点为工作坐标原点，如图 16-10 所示。

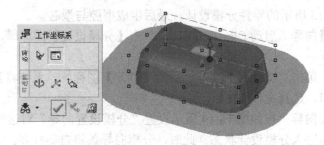

图 16-10　工作坐标系

16.6　输出模具组件

单击分模向导条中的【输出模具组件】按钮 输出模具组件 ，可进行模具组件的生成。系统将弹出警告信息，如图 16-11 所示，提示将保存当前文件。单击【是】按钮确认进行输出，系统自动生成各个分模方向的零件文件。完成输出后将给出提示信息，如图 16-12 所示。

图 16-11　警告信息

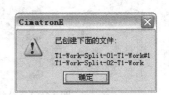

图 16-12　提示信息

> **提示**：如果已经输出过模具组件文件，将不能生成新的文件。生成的模具零件不能独立存在，必须与工作部件在同一工作文件夹内。如果只复制某一部件到另一文件夹，将不能正常打开。

16.7　激活工具

激活工具是为了在输出模具部件后对部件进行进一步的修改完善，包括缝合分型面、切除、删除几何和物件方向等，可以引导完成一个模具部件输出后生成标准部件的过程。其操作与实体设计中对应的工具相同。"缝合分型面"将把所有分型面缝合成一个物体。

输出模具部件后，应用【打开文件】命令，在"Cimatron E 浏览器"窗口中选择刚生成的分模零件文件，将其打开后才能应用激活工具。

> **提示**：分模缝合只能用在输出模具部件中。
> 在一个模具零件中，"分模缝合"功能只能使用一次。

16.8　分模设计示例

完成如图 16-13 所示的零件分模设计，最后生成型腔与型芯。

➔ **打开分模设置向导**　启动 Cimatron E10，单击【分模设置】图标 ，打开"分模设置向导"对话框。

➔ **选择主零件**　单击"文件名"文本框后的【打开】图标 ，系统将弹出"Cimatron E 浏览器"窗口，选择文件 T16.elt。

➔ **设置分模设置向导**　按如图 16-14 所示设置"分模设置向导"对话框中的参数，单击【确定】按钮进入分模设计状态。此时，分模向导条将自动打开。

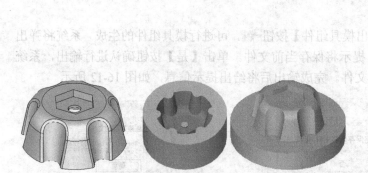

图 16-13　分模示例

图 16-14　"分模设置向导"对话框

➜ **分型面分析** 单击分模向导条中的【分型面分析】按钮 分型面分析，首先要求指定一个新方向，确认分模方向为沿 Z 轴，设置选项，如图 16-15 所示。确定完成分模方向设置后，返回分型面分析，在浮动菜单中拖动滑块可以查看断开的效果，如图 16-16 所示。

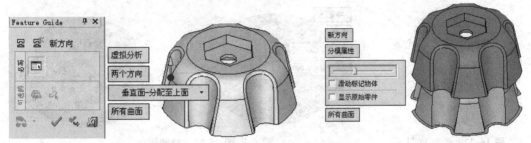

图 16-15　新方向　　　　　　　　　　　　　　图 16-16　分型面分析 1

➜ **创建内分型线** 单击分模向导条中的【分型线】按钮 分型线，选择"内分型线"选项 内分型线，确定生成模型的内分型线，如图 16-17 所示。

➜ **创建内分型面** 单击分模向导条中的【分型面】按钮 分型面，选择"内分型面"选项 内分型面，自动捕捉内分型线进行预览，确定创建内分型面，如图 16-18 所示。

➜ **创建外分型线** 选择【分模】→【分型线】→【外分型线】命令，确定生成零件的外分型线，如图 16-19 所示。

图 16-17　创建内分型线　　　图 16-18　创建内分型面　　　图 16-19　创建外分型线

➜ **创建外分型面** 单击分模向导条中的【分型面】按钮 分型面，选择"外分型面"选项 外分型面，选择前面创建的外分型线，向外延伸宽度为 20，确定创建外分型面，如图 16-20 所示。单击分模向导条中的【分型面分析】按钮 分型面分析，在浮动菜单中拖动滑块可以查看零件与分型面断开的效果，如图 16-21 所示。

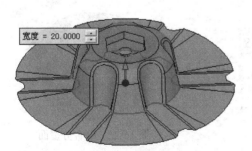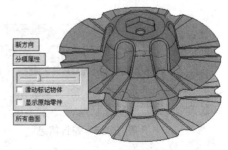

图 16-20　创建外分型面　　　　　　　　　图 16-21　分型面分析

➔ **创建新毛坯** 选择分模向导条中【工具】按钮下的"新毛坯"选项 <img_small> 新毛坯，单击【草图】图标 <img_small>，在 XOY 平面上绘制草图，如图 16-22 所示。退出草图，返回拉伸实体创建，设置两边的增量，确定创建拉伸实体，如图 16-23 所示。该实体将作为毛坯使用。

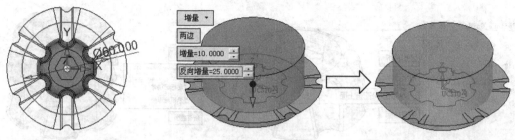

图 16-22 绘制草图　　　　　　　　　　　　　　图 16-23 拉伸实体

➔ **工作坐标系** 选择"工作坐标系"选项 <img_small> 工作坐标系，在图形中选择底面的中点（即当前坐标系原点），确定创建坐标系，如图 16-24 所示。

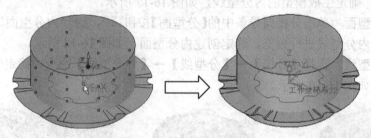

图 16-24 创建工作坐标系

➔ **输出模具组件** 单击分模向导条中的【输出模具组件】按钮 <img_small>，系统将弹出警告信息，如图 16-25 所示，提示输出部件时将保存当前文件，单击【是】按钮确认进行输出，系统将自动生成型腔、型芯文件，完成输出后将给出提示信息。此时，在当前工作文件夹下将生成新的文件。

➔ **打开模具组件** 单击【打开文件】按钮 <img_small>，在"Cimatron E 浏览器"窗口中选择刚生成的模具型腔文件 T16-Work-Split-01-T16-Work.elt，单击【读取】按钮打开该文件。

➔ **缝合分型面** 单击分模向导条中的【激活工具】按钮 <img_small>，选择"缝合分型面"选项 <img_small> 缝合分型面，系统将把分型面缝合成一个零件，如图 16-26 所示。

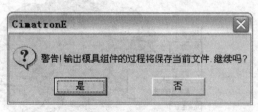

图 16-25 警告信息　　　　　　　　　　　　　　图 16-26 缝合分型面

➔ **切除** 选择分模向导条中【激活工具】下的"切除"选项 <img_small> 切除，选择毛坯作为被切除物体，单击中键退出。再选择分型面作为切除物体，调整切除方向朝上，单击特征向导栏中的【确定】按钮完成型腔模具实体的切除，如图 16-27 所示。

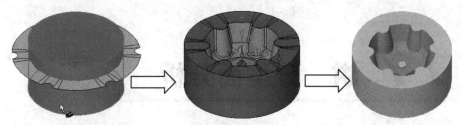

图 16-27　切除

➡ **保存文件**　单击工具栏中的【保存】图标📁，保存文件。

➡ **修整型芯**　按照前面的方法打开型芯文件 T16-Work-Split-02-T16-Work.elt，进行分型
面缝合和切除操作，并保存文件，如图 16-28 所示。

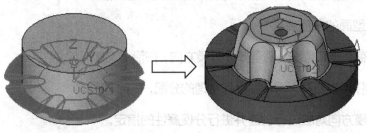

图 16-28　完成型芯零件

复习与练习

对如图 16-29 所示的零件模型进行分模设计。

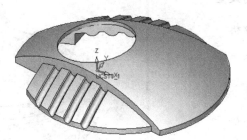

图 16-29　练习题

第 *17* 讲 分型面分析

在分模设计中，核心工作是将零件表面进行分配并设计分型面，通过分型面分析进行断开，分成各个方向的激活面，也可以指定分型面的分模属性。

本例零件存在卡口部分，需要多个分模方向，在沿 Z 轴断开后，还需要沿 X 轴断开，再将曲面作合理的分配；同时其分型面也要与分模方向对应进行创建并进行分模属性的指定。

本讲要点

- 📖 分模方向设置
- 📖 分型面分析
- 📖 附加曲面
- 📖 分模属性
- 📖 拔模角分析

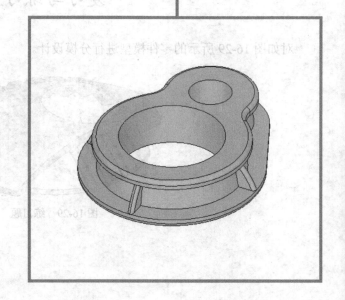

17.1 新 方 向

进行分型面分析前必须先设置分模方向。如果当前没有建立拔模方向，系统在进入快速断开后，首先要求指定一个新方向，在特征向导中将打开新方向的特征向导。在指定新方向时，有"依实体和分型面零件分析"和"虚拟分析"两种方式。前一种方式在指定方向后，选择一个曲面，再单击【开始分析】按钮，系统将按指定的方向与拔模角度自动分析，将所有属于当前分模方向的面分配到指定方向，如图 17-1 所示。

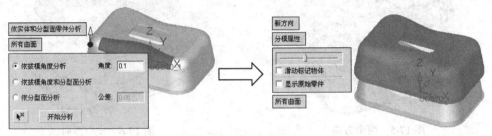

图 17-1 "依实体和分型面零件分析"方式

采用"虚拟分析"方式时，将在图形上显示一个箭头并弹出浮动菜单，如图 17-2 所示。

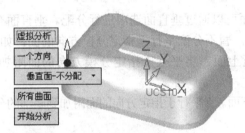

图 17-2 "虚拟分析"方式

1. 分模方向

在图形上显示的箭头表示分模方向，单击箭头的末端，将弹出如图 17-3 所示的矢量方向选项，可以选择新的分模方向。如图 17-4 所示为选择不同分模方向进行分模的结果。

图 17-3 方向选项

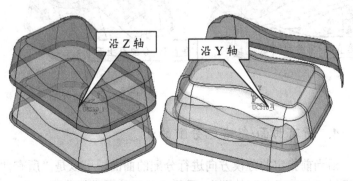

图 17-4 选择不同分模方向

2. 方向

"一个方向"/"两个方向"选项用于指定模型沿指定方向断开的个数。

选择"两个方向"选项时，将沿指定方向及其反方向同时断开零件，生成两个断开特征，如图 17-5 所示。而选择"一个方向"选项时，则只沿指定方向断开零件，生成一个断开特征，如图 17-6 所示。在侧向抽芯的分型时，通常使用"一个方向"方式。

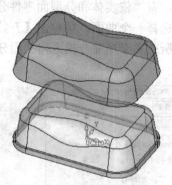

图 17-5　两个方向　　　　　　　　　　　图 17-6　一个方向

3. 垂直面

平行于指定方向的面可以通过垂直面选项进行分配。垂直面有 3 个选项。

（1）垂直面-不分配。暂不分配平行于指定分模方向的面，如图 17-7（a）所示。

（2）垂直面-分配至上面。将平行于指定分模方向的面附加到顶部的分模特征中，如图 17-7（b）所示。

（3）垂直面-分配至下面。将平行于指定方向的面附加到底部的分模特征中，如图 17-7（c）所示。

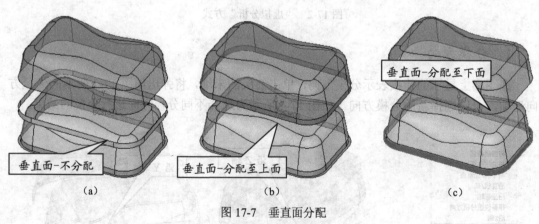

（a）　　　　　　　　　　（b）　　　　　　　　　　（c）

图 17-7　垂直面分配

4. 所有曲面/忽略已分配的面

沿当前指定的分模方向进行分配的曲面，可以是"所有曲面"（包括已经分配的面），也可以"忽略已分配的面"，只将未分配的面进行分配。

17.2　分型面分析功能

"分型面分析"功能通过快速断开，按照设定的方向断开封闭或开放物体，并且允许附属特定的分模属性到曲面上。通常在分模时从最大轮廓线位置进行断开。该功能是分模设计中最基础和最重要的功能。

单击分模向导条中的【分型面分析】按钮 分型面分析，可以观察断开效果，如图 17-8 所示。在快速断开的浮动菜单中，可以选择"新方向"选项创建新的分模方向，再次进行分模；也可以选择"分模属性"选项进行分型面的手工分配；按住鼠标左键拖动滑块时，模型沿断开处自动展开，并可以控制断开的距离。

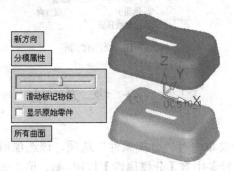

图 17-8　分型面分析

17.3　附　加　曲　面

分模操作后，将在特征树下增加一个"分模"标签。在分模特征树中包含各个分模方向及其他分模特征，如图 17-9 所示。"未分配"集合中的面在快速断开时，系统无法自动判断应该将其加入到哪一个断开特征中。

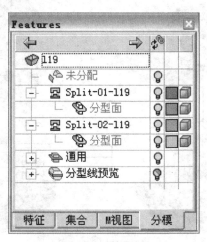

图 17-9　特征树

对于未被分配或者需要重新分配的曲面，可以采用手工附加的方法将其分配到某一断开特征中。其操作步骤如下。

（1）快速断开后，拾取需要分配的曲面，完成拾取后单击鼠标中键退出。

（2）在分模特征树上选择断开方向，单击鼠标右键，在快捷菜单中选择【附加】命令。

（3）单击特征向导的【确定】按钮，将曲面附加到指定的断开方向，如图 17-10 所示。

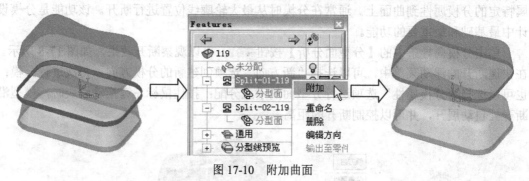

图 17-10　附加曲面

17.4　分模属性

在分型面分析的浮动菜单中有"分模属性"选项，该选项用于指定分型为哪两个断开方向的分界面。在分模向导条中有【分模属性】按钮，单击该按钮与在快速断开时选择"分模属性"选项的作用完全一致。

选择"分模属性"后，要首先拾取需要改变属性的面，然后指定这些面的断开方向。

在快速断开时，发现分型面尚未分配，可在快速断开的浮动菜单中选择"分模属性"选项，然后拾取未分配曲面，完成拾取后单击鼠标中键退出。再拾取分模顶部方向的任意一个面和分模底部方向上的一个面，单击特征向导中的【确定】按钮，则中间的曲面将分配到顶部与底部，如图 17-11 所示。

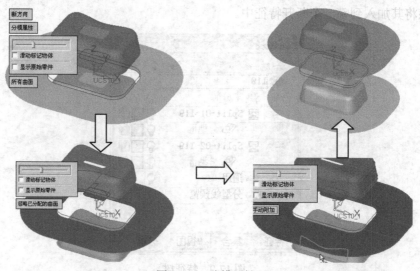

图 17-11　分模属性

> **提示**：使用分模属性与附加未分配的面的方式是有区别的，使用分模属性方式产生的面将成为分模面；附加未分配的面将作为零件表面的一部分。

17.5 拔模角分析

单击分模向导条中的【拔模角】按钮 ，打开其下级菜单，选择"拔模角分析"选项 ，系统将在图形上以不同的颜色表示拔模角的大小范围，在浮动菜单中拖动滑块可以进行断开，以便查看型腔和型芯的拔模角。

单击"显示对话框"选项，系统将弹出"拔模角分析"对话框，如图 17-12 所示，可以进行拔模角的角度范围设置，设定不同的角度，其显示颜色将发生变化，可用于检查是否满足脱模要求。

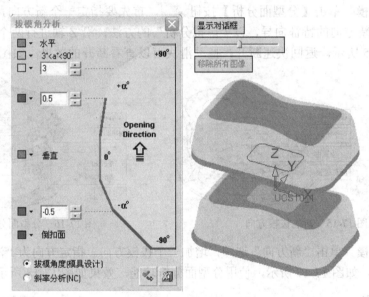

图 17-12　拔模角分析

17.6 零件分模示例

完成如图 17-13 所示零件的分模设计，该零件需要侧向分模，最后创建出 4 个模具部件。

➡ **打开分模设置向导**　启动 Cimatron E10，打开"分模设置向导"对话框。

➡ **选择主零件**　单击【文件名】文本框后的【打开】图标 ，系统将弹出"Cimatron E 浏览器"窗口，选择文件 T17.elt。

➡ **设置分模设置向导**　如图 17-14 所示设置"分模设置向导"对话框中的参数，单击【确定】按钮进入分模设计环境。

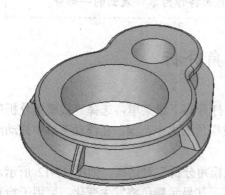

图 17-13　示例零件

图 17-14　"分模设置向导"对话框

➔ **沿 Z 轴分模**　单击【分型面分析】按钮分型面分析，首先要指定一个新方向，在特征向导中将打开新方向的特征向导，以"虚拟分析"的方法，沿 Z 轴进行两个方向的分模，如图 17-15 所示。返回快速断开，拖动滑块可以查看断开的效果，如图 17-16 所示。

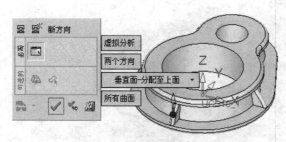

图 17-15　新的拔模方向

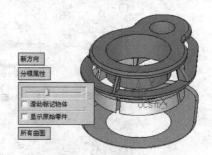

图 17-16　分型面分析 1

➔ **沿 X 轴分模**　单击"新方向"选项，增加一个拔模方向。指定方向为"沿 X 轴"增加断开方向，如图 17-17 所示，使用分型面分析功能，效果如图 17-18 所示。

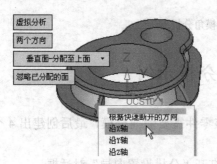

图 17-17　沿 X 轴分模

图 17-18　分型面分析 2

> **提示**：T17 部件的侧面上下被包围，所以只能在侧面方向进行分模；两端筋表面已经用 YOZ 平面进行分割。

➔ **附加右侧曲面** 选择分型面分析功能进行断开显示，在分模方向 1 上选择所有右侧曲面，再在分模特征树的 Split-03-t17-Work 上单击鼠标右键，在快捷菜单中选择【附加】命令，将面附加到 Split-03-t17-Work 上，沿 X 轴方向移动，如图 17-19 所示。

图 17-19 附加右侧曲面

> **提示：** 原始部分曲面所在的分模方向其实并不能进行分模，所以必须调整曲面的分模方向。

➔ **附加左侧曲面** 选择左侧曲面，将其附加到 Split-04-t17-Work 上，如图 17-20 所示。

➔ **分析拔模角** 单击【拔模角】按钮，选择"拔模角分析"选项，在浮动菜单中拖动滑块进行断开，查看所有拔模方向的拔模角，显示深色面表示拔模角较小，而浅色面表示拔模角较大，没有倒推拔的曲面，如图 17-21 所示。

图 17-20 附加左侧曲面   图 17-21 拔模角分析

> **提示：** 可打开"显示"对话框，对拔模角进行颜色与范围的设置。

➔ **创建扫掠分模面** 在分模菜单中选择"分型面"下的"扫掠"选项，选择方向 3 与方向 4 的分界线，沿 Y 轴创建扫掠曲面，如图 17-22 所示。选择另一侧的分模方向 3 与方向 4 的分界线，沿 Y 轴反向创建扫掠曲面，如图 17-23 所示。

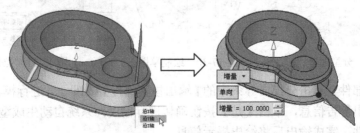

图 17-22 创建扫掠面 1

➔ **创建边界曲面** 在分模菜单中选择"分型面"下的"边界曲面"选项 ⟨ 边界曲面，选择底面的圆形边界，确定创建边界曲面，如图 17-24 所示。再选择另一边界创建曲面，如图 17-25 所示。

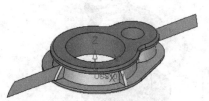
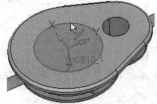

图 17-23　创建扫掠面 2　　　　图 17-24　创建边界曲面 1　　　　图 17-25　创建边界曲面 2

➔ **创建外分型线** 选择【分模】→【分型线】→【外分型线】命令，确定生成外分型线，如图 17-26 所示。

➔ **创建外分型面** 单击【分型面】按钮 分型面，选择"外分型面"选项 外分型面，选择前面创建的外分型线中水平的一段，指定宽度为 100，创建外分型面，如图 17-27 所示。再选择另外的 3 个外分型线，分别创建外分型面，如图 17-28 所示。

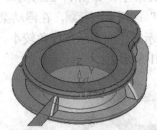
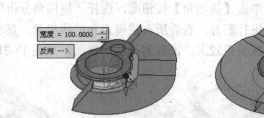
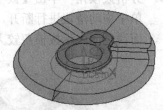

图 17-26　创建外分型线　　　　图 17-27　创建外分型面 1　　　　图 17-28　创建外分型面 2

➔ **分型面分析** 单击分模向导条中的【分型面分析】按钮 分型面分析，在浮动菜单中拖动滑块查看零件与分型面断开的效果，如图 17-29 所示。

➔ **创建新毛坯** 选择分模菜单中"工具"下的"新毛坯"选项 新毛坯，单击【草图】图标 ，在 XOY 基准面上绘制草图，如图 17-30 所示。退出草图，返回拉伸实体创建，设置增量参数，确定创建拉伸实体，如图 17-31 所示。

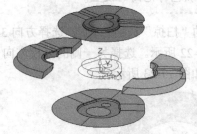

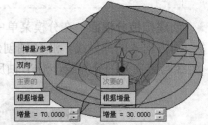

图 17-29　分型面分析　　　　图 17-30　绘制草图　　　　图 17-31　拉伸实体

➔ **输出模具部件** 单击分模向导条中的【输出模具部件】按钮 输出模具部件，进行模具部件的生成。系统将弹出警告信息，单击【是】按钮确认进行输出，系统自动生成型腔、型芯和侧抽芯的文件，完成输出后将给出提示信息。

➔ **打开模具组件**　打开刚生成的模具型腔文件 T17-Work-Split-01-T17-Work.elt。

➔ **缝合分型面**　单击分模向导条中的【激活工具】按钮，选择"缝合分型面"选项，系统将把分型面缝合成一个物体。

➔ **切除**　选择分模菜单中"激活工具"下的"切除"选项，选择毛坯为被切除物体，再选择分型面为切割体，调整切除方向朝上，确定进行切除，如图 17-32 所示。

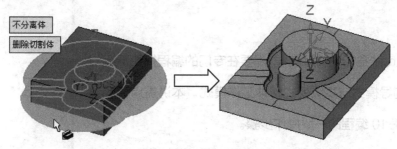

图 17-32　切除

➔ **保存文件**　单击工具栏中的【保存】图标，保存文件。

➔ **修整型芯**　打开型芯文件 T17-Work-Split-02-T17-Work.elt、侧向滑块文件 T17-Work-Split-03-T17-Work.elt 和 T17-Work-Split-04-T17-Work.elt，分别进行分模面缝合和切除操作，并保存文件。完成后的模具组件如图 17-33 所示。

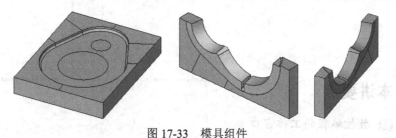

图 17-33　模具组件

复习与练习

完成如图 17-34 所示的零件设计的分模特征创建。

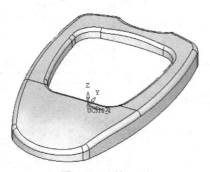

图 17-34　练习题

第 *18* 讲 数控编程基础

Cimatron E10 的编程功能需要在专门的编程模块下运行，并有向导模式与高级模式两种工作模式。本讲重点讲解 Cimatron E10 编程的一般操作步骤。

本例完成一个简单的编程，其过程包括：进入编程模块、创建刀具、创建刀路轨迹、创建毛坯、创建程序并选择工艺方式、指定零件曲面、设置刀路参数与机床参数、生成刀路轨迹，最后进行切削模拟检验加工程序。

本讲要点

- 数控编程的工作窗口
- 数控编程的基本步骤
- 刀具路径检视与机床模拟
- 后置处理

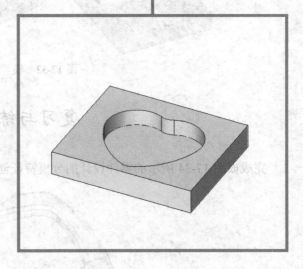

18.1　编程工作窗口

18.1.1　进入编程工作窗口

1．新建文件，调入模型

在主菜单中选择【文件】→【新建文件】命令，在"新建文件"对话框中选择类型为"NC"（编程）🔲，如图 18-1 所示，单击【确定】按钮打开编程工作窗口；然后使用"调入模型"功能将已完成的模型输入到当前文件中，来建立刀具路径。

图 18-1　新建编程文件

> 📣 **提示**：Cimatron E10 只能打开一个编程窗口，当已开启的文件中有编程文件时，再次尝试进入编程加工方式会发出警告。

2．从模型输出到加工

将已经完成的模型输出到加工，在主菜单中选择【文件】→【输出】→【至加工】命令，如图 18-2 所示。此时将直接打开编程工作窗口，指定原点位置后即可开始建立刀具路径。使用该方式相当于新建一个编程文件，再调入当前模型。

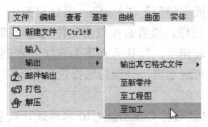

图 18-2　输出到加工

3．CAD 与 CAM 模式的转换

进入编程模式后，可以通过单击【切换到 CAD】图标 🌫 与【切换到 CAM】图标 🔲 在 CAD 与 CAM 模式之间进行切换，如图 18-3 所示。

提示：Cimatron E 的所有类型文件后缀均为.elt，但显示不同的图标表示其类型为零件、装配、绘图、编程、分模和模具等。

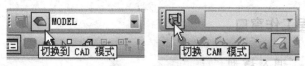

图 18-3　工作方式切换

18.1.2　工作模式

Cimatron E10 编程加工有两种方式，分别是"向导模式"和"高级模式"。两种模式可以方便地进行切换，单击"加工"工具条上的 和 图标即可。

使用向导模式创建程序时，系统将以对话框的方式引导用户进行操作。在屏幕上将依次弹出对话框或者参数表，在对话框的中部单击按钮可分别进入零件、刀具、刀路参数和机床参数设置，打开对应的对话框。

使用高级模式时，NC 程序管理器和程序参数表将在屏幕的左边显示。进行程序的创建时，各种参数的设置与操作将在程序区和程序参数表中直接操作，不会弹出向导窗口。

提示：在程序创建过程中，可以进行工作模式的切换，而已经设置的参数将不会改变。

18.2　Cimatron E10 编程的基本步骤

Cimatron E10 有加工向导条，可以按照向导条依次操作，从调入一个几何模型开始，定义刀具，定义产品和毛坯，创造刀具轨迹和加工程序，进行加工模拟并且输出加工代码，逐步完成 Cimatron 的数控加工过程。

1．读取模型

单击编程向导条中的【读取模型】图标 ，系统将弹出"Cimatron E 浏览器"窗口，选择零件文件，单击 Select 按钮，或者直接双击文件名即可调入该模型。加载模型后，需要指定模型的放置位置和旋转角度，默认方式下为直接放置到当前坐标系的原点，同时不作旋转。在特征向导栏中有可选选项，分别为选择选项与旋转角度。

提示：调入模型只能选择 Cimatron E10 零件设计或装配设计的模型，而不能是编程或者绘图的模型，也不能直接调入非 Cimatron E10 格式的文件。

2．定义刀具

在定义刀具步骤中能够定义加工中必须使用的刀具。单击编程向导条中的【刀具】图标 ，系统会弹出"刀具及夹头"对话框，定义所需刀具。

3. 新建刀轨

单击编程向导条中的【刀轨】图标![icon]，将打开"创建刀轨"对话框，通常需要选择类型，并设置 Z（安全平面）值。一个刀路轨迹可以包含一个或多个加工工步程序，这些程序均在同一个给定的加工坐标系下。

4. 创建零件

单击编程向导条中的【零件】图标![icon]，进入创建零件功能，系统会弹出"零件"对话框，在该对话框中定义相应的参数可以建立零件。生成的零件将出现在程序管理器中作为一个工序存在，并可以通过双击来显示。

5. 创建毛坯

单击编程向导条中的【毛坯】图标![icon]，进入创建毛坯功能，系统会弹出"初始毛坯"对话框，在该对话框中定义相应的参数可以建立毛坯。

6. 创建程序

创建程序是 CAM 的核心操作内容，生成加工程序以及对加工程序各种参数的设置都在这一步骤内完成。

单击加工向导条中的【程序】图标![icon]，开始创建程序。在窗口中将弹出 Procedure Wizard（程序向导）对话框，通常需要按照以下几个步骤来完成程序的创建。

（1）选择工艺。先选择"主选择"选项，再选择"子选择"选项，子选择决定了生成的刀具轨迹的走刀方式。

（2）选择加工对象。常见的加工对象包括边界、零件曲面和检查曲面等。单击零件曲面（轮廓、边界）后的数量按钮，在绘图区选择加工的对象。

（3）选择刀具。选取本程序加工用的刀具。

（4）设置刀路参数。设置各种刀路的细节参数，它将影响加工程序的效率和质量。

（5）设置机床参数。在机床参数中需要设置机床的主轴转速、进给率等各项参数。

（6）保存程序。完成所有参数设置后，可以进行保存。单击对话框中的【保存并关闭】图标![icon]，保存参数记录并退出向导，程序并不立即运算执行；也可以单击【保存并计算】图标![icon]，保存参数，并立即运算当前加工程序。计算完成后，将在绘图区显示生成的刀具轨迹，同时在程序管理器中将显示刚生成的加工程序。

7. 仿真模拟

单击编程向导条中的【机床仿真】图标![icon]，进入模拟检验功能，系统上会弹出"模拟检验"对话框，选择加工程序进行实体切削模拟。单击【确定】按钮将打开"Cimatron E-机床模拟"窗口，进行选项设置后，单击【运行】按钮![icon]，开始模拟切削。

8. 后置处理

单击编程向导条中的【后处理】图标![icon]，进入后置处理功能，选择需要作后处理的程序，确定进行后处理。后处理完成后，系统将产生一个程序文件。

以上是通过向导栏进行程序编制的一般过程，在这些过程中，有些步骤是可以省略的，如创建零件、创建毛坯等。另外，也可以通过主菜单的【加工-工艺】中的对应功能或者加工向导条的图标功能进行整个程序的编制。

18.3　刀具路径检视与机床模拟

Cimatron E10 提供了两种刀具路径检视与模拟切削的方式，包括线框模拟和模拟检验。通过切削模拟可以提高程序的安全性和合理性。

1. 导航器模拟

在程序管理器中选择一个程序后，单击向导条中的 图标；设置线框模拟参数，单击操作按钮进行模拟切削，可以对程序生成的轨迹进行逐行检视，如图 18-4 所示。

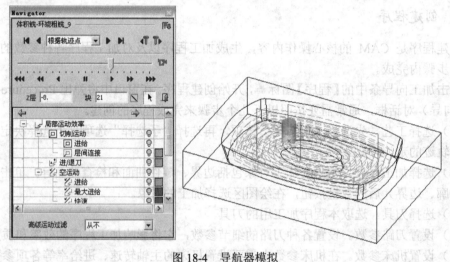

图 18-4　导航器模拟

2. 机床仿真

机床仿真进行实体模拟切削，当刀具依照加工程序移动时，以图形模拟毛坯切削过程，实体切削仿真能让使用者更加了解加工方式或切削方法是否正确或过切，并能对切削过程进行跟踪。单击【机床仿真】图标 ，将弹出如图 18-5 所示的"机床仿真"对话框。其中有 3 种模拟检验方式，分别是"标准"、"传统验证"和"传统模拟"，一般使用"标准"方式进行仿真。在该对话框左边选择有效加工程序，单击绿色箭头将其加入为要模拟的程序序列。

> 提示：进行实体模拟切削之前，应该先建立一毛坯程序，并且置于加工程序之前，毛坯的坐标位置必须与模拟切削的加工程序相吻合。

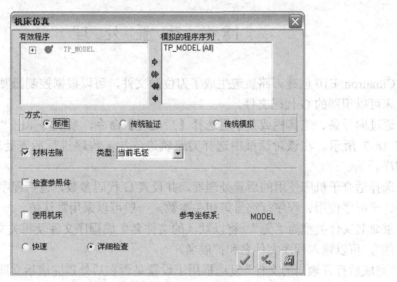

图 18-5　"机床仿真"对话框

在机床仿真选项设置后，将打开"Cimatron E-机床模拟"窗口，如图 18-6 所示。仿真模拟将在该窗口内进行。

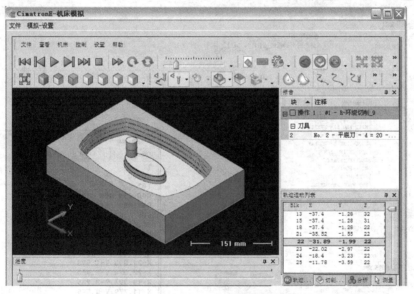

图 18-6　"Cimatron E-机床模拟"窗口

在"Cimatron E-机床模拟"窗口中，第一排工具用于控制播放及调节运行速度，后面的工具用于设置显示方式，并可以对机床仿真进行设置；第二排工具可以调节视角，后面的工具可以控制刀轨、刀具、毛坯、工件是否显示；在主界面中将显示运动过程，主界面的右侧显示了报告与轨迹运动列表等相关信；底部有进度条，可以直接拖动改变位置。

> **提示**："Cimatron E-机床模拟"是一个独立的模块，将打开一个新窗口。

18.4 后 置 处 理

Cimatron E10 创建刀路轨迹生成了刀位源文件，可以根据控制器要求进行后处理，生成机床可以识别的 G 代码文件。

通过向导条、工具栏或菜单栏选择【后处理】命令，系统将弹出"后处理"对话框，如图 18-7 所示。在该对话框中选择刀路轨迹或加工程序进行后置处理，以生成数控加工程序。

选择适合于机床使用的后置处理器，并设置 G 代码参数，包括程序号、刀补号、换刀程序、子程序使用、程序行编号等相关参数，一般可以采用默认值。

重命名文件类型为"无"，将以默认的文件名生成程序文件及相关文件；为"仅 G 代码文件"，可以输入程序文件名和扩展名。

"完成后打开输出的文件"复选框用于设置是否在后处理完成后立即打开加工程序，如果选中该复选框，则在后处理完成后，立即使用记事本打开后处理产生的程序文件。

后处理完成后，系统将产生一个程序文件，可以使用记事本打开，如图 18-8 所示。可以对程序进行检查，并作局部修改。

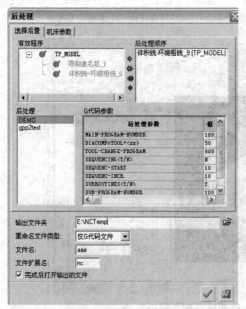

图 18-7 "后处理"对话框

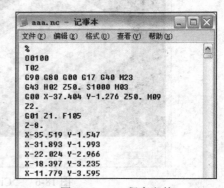

图 18-8 NC 程序文件

18.5 Cimatron E10 数控编程入门案例

编制如图 18-9 所示零件的加工程序。

→ **启动 Cimatron E10** 启动 Cimatron E10，新建文件，选择类型为"NC"、单位为"毫米"，如图 18-10 所示，单击【确定】按钮打开编程工作窗口。

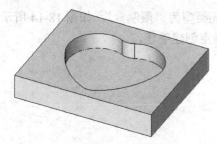

图 18-9　示例零件

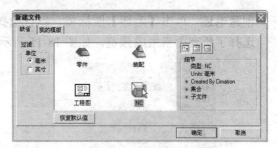

图 18-10　新建编程文件

➜ **读取模型**　单击【读取模型】图标 ，系统将弹出"Cimatron E 浏览器"窗口，选择文件"T18.elt"的零件文件，在特征向导栏中单击【确定】按钮将模型放置到当前坐标系的原点，同时不作旋转。

➜ **创建刀具**　单击【刀具】图标 🔨，弹出"刀具及夹头"对话框，如图 18-11 所示设置刀具参数，创建直径为 16 的平底铣刀"D16"。

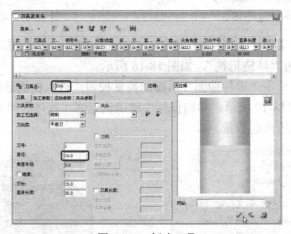

图 18-11　创建刀具

➜ **新建刀轨**　单击【刀轨】图标 ，创建 3 轴加工的刀路轨迹，如图 18-12 所示。设置起点中的 Z（安全平面）为 50，在屏幕上紫色透明的平面表示安全平面位置，如图 18-13 所示，确定创建刀轨。

图 18-12　创建刀具轨迹

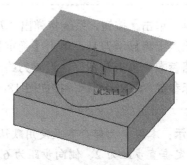

图 18-13　安全平面显示

➡ **创建毛坯** 单击【毛坯】图标 ，默认选择毛坯类型为"限制盒"，如图 18-14 所示，
选择了所有图素生成预览，如图 18-15 所示，确定创建毛坯。

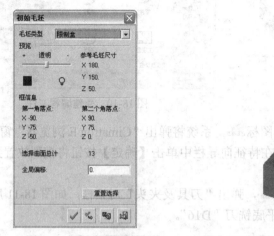

图 18-14 创建毛坯

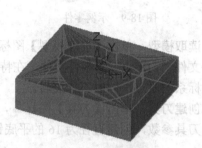

图 18-15 毛坯预览

➡ **创建程序** 单击【程序】图标 ，弹出 Procedure Wizard 对话框，设置主选择为"体
积铣"、子选择为"环绕粗铣"，如图 18-16 所示。

➡ **选择零件曲面** 单击"零件曲面"后面的数量按钮，进入曲面选择。选择所有曲面为
零件曲面，如图 18-17 所示，单击鼠标中键确认返回"程序"对话框，在零件曲面数
量栏将显示所选的曲面数量。

图 18-16 选择工艺

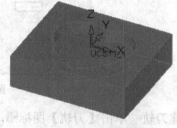

图 18-17 选择零件曲面

> 📢 **提示**：选择所有曲面是最安全、最快捷的方法，对于大部分体积铣或者曲
> 面铣加工而言，都可以采用全选的方法。

➡ **选择刀具** 单击 按钮，系统将弹出"刀具及夹头"对话框，默认选择了刀具"D16"，
在坐标原点上将显示刀具，单击【确定】按钮确认当前刀具。

➡ **设置刀路参数** 单击 图标，设置刀路轨迹参数组中的参数，如图 18-18 所示。

➡ **设置机床参数** 单击 图标，按如图 18-19 所示设置机床的主轴转速和进给率等参数。

> 📢 **提示**：本例中大部分参数使用默认值。
> 设置固定垂直步距为 2、侧向步距为 6。

图 18-18　设置刀路参数　　　　　　　　图 18-19　机床参数

→ **程序生成**　单击【保存并计算】图标🖩，运算当前加工程序。计算完成后，将在绘图区显示生成的刀路轨迹，如图 18-20 所示。

→ **仿真模拟**　单击【机床仿真】图标🖩，弹出"机床仿真"对话框，选择所有刀轨，如图 18-21 所示，单击【确定】按钮进行切削模拟。将打开"Cimatron E-机床模拟"窗口，如图 18-22 所示。单击▷按钮开始模拟切削，仿真检验结果如图 18-23 所示。

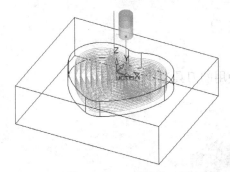

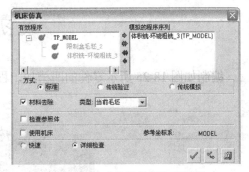

图 18-20　刀路轨迹　　　　　　　　图 18-21　"机床仿真"对话框

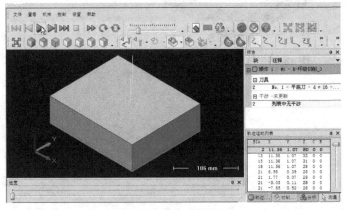

图 18-22　机床仿真模拟　　　　　　　　图 18-23　仿真模拟结果

➔ **后处理**　单击编程向导条中的【后处理】图标 ，进入后置处理功能，选择所有程序，单击【确定】按钮进行后处理。后处理完成后，系统将产生一个程序文件，如图 18-24 所示。

➔ **保存文件**　单击【保存】图标 ，输入文件名"T18-NC"，保存文件。

图 18-24　后处理生成程序

复习与练习

编制如图 18-25 所示零件的凹槽加工程序（使用的刀具为 $\phi12$ 的立铣刀）。

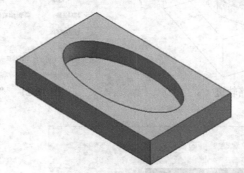

图 18-25　练习题

第 **19** 讲 平行切削

2.5 轴加工直接使用二维轮廓线进行编程，快捷方便。在向导模式下工作时，创建一个 2.5 轴加工程序分 4 步进行，分别是选择零件、选择刀具、设置刀路参数和设置机床参数。平行切削是 2.5 轴型腔铣削中的一种，本讲重点讲解平行切削的刀路轨迹参数设置。

本例零件进行凹槽的加工，采用 2.5 轴-型腔-平行切削的方法进行加工，指定凹的边界为零件轮廓，创建 ϕ16 的平底刀，设置刀路参数进行平行切削程序的生成。

本讲要点

- 2.5 轴型腔铣削的轮廓选择
- 刀具的创建与选择
- 机床参数设置
- 平行切削的特点与应用

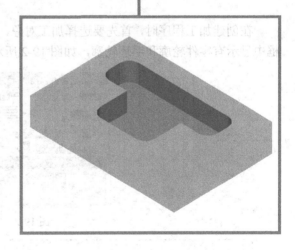

19.1 2.5 轴加工程序创建

2.5 轴加工，在加工过程中产生在水平方向的 XY 两轴联动，而 Z 轴方向只在完成一层加工后进入下一层时才作单独的动作。2.5 轴加工使用简单的二维轮廓线直接进行编程，无需进行曲面或者实体的造型，简化了步骤。

主选择为"2.5 轴"时，其子选择有 6 种类型，如图 19-1 所示。2.5 轴加工可以分为轮廓铣与型腔铣削。其中开放轮廓铣与封闭轮廓铣沿着轮廓线生成切削加工的刀路轨迹，通常作为精加工使用；型腔铣削可以移除封闭轮廓内的材料，另外也可以通过轮廓与轮廓之间的嵌套关系，去除欲加工的部分，通常作为粗加工。型腔铣削按走刀方式分为毛坯环切、平行切削、环绕切削和精铣侧壁。

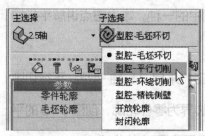

图 19-1 2.5 轴的"子选择"选项

19.2 2.5 轴加工的轮廓选择

在创建加工程序时，首先要选择加工对象，2.5 轴加工的对象通常是轮廓。在向导对话框中显示有零件轮廓和毛坯轮廓，如图 19-2 所示。

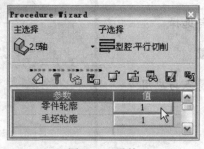

图 19-2 零件

> **提示：** 如果创建刀路轨迹时选择的类型为"3 轴"，则"子选择"选项将增加两个，分别是"沿开放轮廓铣平面"和"沿封闭轮廓铣平面"。
> 在"子选择"中，可能出现汉化名称不同的情况，如"形腔铣削"、"型腔铣削"和"型腔铣销"等。

毛坯轮廓与零件轮廓的差别在于，毛坯轮廓在加工时将会越过，而零件轮廓将作为限制。毛坯轮廓和零件轮廓的选择方法没有区别。

单击"零件轮廓"或"毛坯轮廓"后的数量按钮，将打开"轮廓管理器"对话框，如图 19-3 所示。先设置选择模式与 NC 参数，再拾取轮廓作为零件轮廓或者毛坯轮廓。

在"轮廓管理器"对话框中先进行 NC 参数的设置，包括：

（1）刀具位置。该下拉列表框中有 3 个选项，分别是轮廓上、轮廓内和轮廓外。选择不同的选项可使用不同刀具位置产生刀路，如图 19-4 所示。

图 19-3　轮廓参数

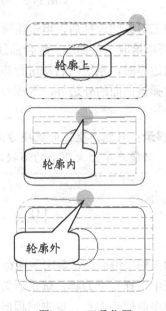

图 19-4　刀具位置

- ❑ 轮廓上。刀具中心铣削到偏移后的轮廓线上。当轮廓偏移值为0时，刀路轨迹刚好与轮廓线重合。
- ❑ 轮廓内。刀具外缘加工到轮廓位置。当轮廓为零件的实际边界时，一般要选择该选项。
- ❑ 轮廓外。刀具将铣削到轮廓或嵌套轮廓区域以外一个刀具直径的位置。使用这种方式可以保证在轮廓周边不留残余。

> 📢 **提示**：对于岛屿轮廓而言，在轮廓内部与在轮廓外部选项的内外不是指通常意义上的内或外，而是相对于型腔范围而言的。

（2）轮廓偏移。设置轮廓偏移值，可以在轮廓侧壁有预留，默认为 0，可以设定为正值或负值。轮廓偏移值越大，离轮廓线越远。偏移值为正数时，向切削区域内部偏置；反之，偏移值为负数时表示为负余量，向切削区域的外部偏置。

（3）拔模角度。Cimatron 允许指定一个拔模角度，以铣削周边具有相同的拔模角度的工件。如图 19-5 所示为设置拔模角度大于 0 时产生的铣削路径。

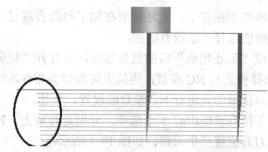

图 19-5　带拔模角度的刀具路径示例

进入加工对象的选择后，单击轮廓数量按钮，提示区中显示"拾取第一条曲线/第一张面"。此时可以拾取一条曲线、组合曲线或者曲面边界，也可以拾取一个曲面。拾取一条曲线或者曲面边界时，系统将自动进行串连搜索；拾取一个曲面或者一组相连的曲面时，系统将自动选择该曲面的外边界，形成一个封闭的轮廓线。

提示：只能产生正的脱模方向，而不会产生负的脱模斜度。对于切削区域而言，只能产生上大下小的形状。

19.3　刀具设置

进行加工程序编制时，单击 图标进入刀具选择步骤，会弹出"刀具及夹头"对话框。在当前列表中选择一个刀具，确定后关闭对话框。创建程序时，可以新建刀具，也可以在创建加工程序前创建刀具。单击编程向导条中的【刀具】图标 ，进入刀具设定功能，系统会弹出"刀具及夹头"对话框，如图 19-6 所示。

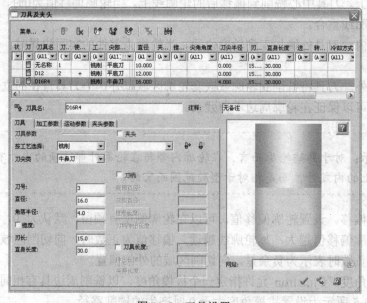

图 19-6　刀具设置

"刀具及夹头"对话框的上方显示了当前刀具列表，单击【新建刀具】图标 ，然后输入刀具名称、注释说明文本，再在下面选择刀具几何类型，设置刀具参数，单击【确定】按钮完成刀具的创建。

1. 按工艺选择

按工艺选择用于选择刀具类型，包括"铣削"、"钻头"和"特殊刀具"3 个选项。型腔铣削通常使用铣刀。

2. 刀尖类

铣削刀具的"刀尖类"有 3 个选项，分别为"平底刀"、"球头刀"和"牛鼻刀"。

3. 刀具参数

常用铣刀的刀具参数设置包括以下几项。

（1）刀号：指定刀具号，在输出程序时将生成对应的刀具号与刀补号。

（2）直径：刀具直径指定切削刃部分的直径值。

（3）角落半径：指定牛鼻刀的圆角半径。

（4）锥度：可以创建带有锥度的刀具。

（5）刃长与直身长度：指定刀具切削部分长度与总长度。

（6）刀柄：可指定不等径的刀具，如装夹部分相对于切削刃部分更粗的刀柄。

（7）刀具长度：指定刀具的夹持长度。

对于铣刀，通常只需要设置直径和倒圆半径，刃长、直身长度及刀具长度并不影响刀具路径，主要用于判断是否会发生干涉。

> **提示：** 角落半径值不能大于直径的 1/2。当角落半径值等于直径的 1/2 时，自动显示为球头刀；而当角落半径为 0 时，则显示为平底刀。

19.4　机　床　参　数

2.5 轴型腔平行切削的机床参数表如图 19-7 所示。

1. 进给及转速计算

单击"进给及转速计算"后的【进入】按钮将打开"进给及转速计算"对话框，如图 19-8 所示。通过输入刀具的切削线速度 V_c，由系统进行计算得到主轴转速 n。其计算公式为：$n=V_c*1000/(\pi*Dia)$。式中，n 表示转速；V_c 表示线速度；Dia 表示刀具直径。输入每齿进给量 F_z，可以按公式 $F=z*n*F_z$ 计算进给。式中，z 表示刀具的刃数；n 表示主轴转速。

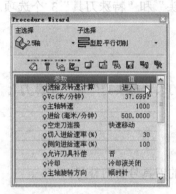

图 19-7　机床参数设置

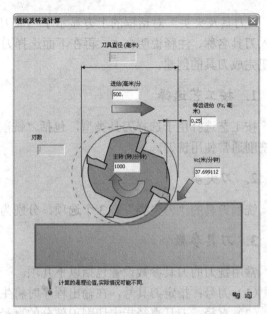

图 19-8　"进给及转速计算"对话框

2. 主轴转速

主轴转速用于设置机床主轴的旋转速度，单位为 r/min，可以在"主轴转速"栏中直接输入数值，或者将计算后的值进行取整。

> **提示**：当设定转速后，修改 V_c 值将会导致转速发生变化；而修改转速值，同样会导致 V_c 值发生变化。

3. 进给

进给是指机床工作台在切削时的进给速度，直接关系到加工质量和加工效率。"进给"选项设定在正常切削时的进给，在数控加工的大部分切削条件下使用该切削进给。

4. 空走刀连接

空走刀连接用于指定不产生切削运动时的进给，如在安全平面移动、提刀移动时的进给。空走刀连接一般设置为"快速移动"，使用 G00 方式插位。也可以设定空切移动的进给值。

5. 切入进给速率

设定初始切削进刀时的进给，进刀时，因为进行端铣，所以应以较慢的速度进给。通过设置进给的百分比来定义切入进给速度。

6. 侧向进给速率

刀路中进行水平的侧向走刀，可能产生全刀切削，切削条件相对较恶劣，可以设置不同的进给速度。

19.5 平行切削

平行切削是 2.5 轴型腔铣削的一种，可生成一组相互平行切削的加工刀具路径。

平行切削可以灵活地设定加工角度，以最合适的角度对工件进行加工。在粗加工时，平行切削具有最高的效率，一般其切削的步距可以达到刀具直径的 70%～90%。但是对边界不规则的凸模或型腔，平行切削在零件侧壁的残余量很大，同时会产生频繁的抬刀。

刀路参数设置是程序创建中的一项主要工作，它将影响加工程序的质量，包括切削加工后的表面质量、加工效率、刀具寿命、程序的安全性等。在选择工艺方式、加工对象和刀具后，需要进行刀路参数的设置。Cimatron E10 中，刀路参数是分组显示的，如图 19-9 所示。单击参数组名称前的"+"号可以展开该组参数，而单击"-"号则会收起该组参数。

图 19-9 刀路参数表

提示：刀路参数表的某些选项会根据加工对象的设置和相关参数的设置值而发生变化。

刀路参数组中，"刀路轨迹"是各种加工策略都不同的参数组，而"进刀和退刀点"、"安全平面和坐标系"、"边界设置"、"公差&&余量"、"毛坯管理与夹头检查"和"优化"等则是通用的参数组，适用于不同的加工策略。

提示：选择参数后，在加工编程助手区将显示该参数的示意图，可以帮助理解参数含义。在主菜单中选择【视图】→【面板】→【加工编程助手】命令即可显示或者关闭加工编程助手。

刀路轨迹参数组是刀路参数设置中最关键、最复杂的部分，而且变化也多。

1. Z最高点/Z最低点

指定切削起始高度和终止高度。可以在"Z最高点"和"Z最低点"选项中输入数值，或者输入参数表达式；也可以在图形中选择点，以该点的高度作为切削的起始高度或终止高度。

> 📢 **提示**：Z最低点一定要比Z最高点的值小，否则无法作运算；Z最高点加上缓刀距离不能大于安全高度。

2. 参考Z

铣削带有脱模斜度的轮廓，即在轮廓参数定义了"拔模角度"大于0时，需要指定其参考轮廓所处的高度，即为参考Z。参考Z可以设置在任意位置。

3. 下切步距

下切步距即切削深度，指定每次加工Z方向深度的增量。切削深度是影响加工效率最主要的因素之一，在确定时需考虑切削所使用的刀具、被切削工件材料、切削余量、切削负荷、残余高度和切削进给等因素。

> 📢 **提示**：2.5轴加工中每次加工深度是固定的，即从起始位置开始按固定的切深下降，最后一层可能小于这一切深。

4. 精铣侧向间距

选中"精铣侧向间距"选项，可以在平行切削后针对轮廓的侧边再做一周精铣，获得较为光顺的侧壁，如图19-10所示为精铣侧向间距打开与否的对比示例。

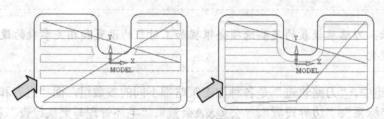

图19-10　精铣侧向间距

5. 侧向步距

侧向步距决定了相邻两行刀轨间的距离。

> 📢 **提示**：侧向步距从起始边开始计算，最后一行的侧向步距可能相对较小。

6. 拐角铣削

拐角铣削指定刀具在拐角处的运动方式。使用"圆角"方式产生的刀具路径在拐角处将采用圆角过渡；使用"尖角运动"方式产生的刀路轨迹的形状为尖角。如图 19-11 所示为选择不同的拐角铣削方式的刀轨示例。

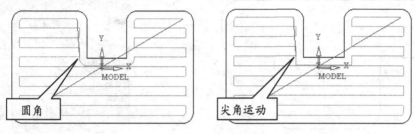

图 19-11　拐角铣削

7. 切削方向

切削方向可以选择"单向"或"双向"。在平行切削中，一般都采用双向走刀，单向走刀将频繁提刀而降低加工效率。

8. 铣削角度

铣削角度设置初始走刀方向与 X 轴正方向的夹角。可以直接在"铣削角度"参数中输入一个数值。

9. 切换起始边

图形中以长箭头表示起始边，单击【反向】按钮，则图形中的长、短箭头将进行交换。

10. 连接到

当切削方向为"单向"时，可以设置"连接到"参数。连接到"当前行"，是在一行切削后进入下一行切削时下刀到当前行的开始处，再沿轮廓前进到下一行的开始处，进行下一行的切削；连接到"下一行"，则是直接下刀在下一行的开始处，进行下一行的切削。

19.6　平行切削加工示例

完成如图 19-12 所示零件的凹槽加工（槽深为 20，使用 ϕ16 的平底刀进行加工）。

➡ **启动 Cimatron E10**　启动 Cimatron E10，新建编程文件。

➡ **读取模型**　单击【读取模型】图标 ，打开"T19.elt"的零件文件。

➡ **新建刀轨**　单击【刀轨】图标 ，按如图 19-13 所示创建 2.5 轴的刀路轨迹。

➡ **创建程序**　单击向导条中的【程序】图标 ，开始创建程序。

图 19-12　示例零件

图 19-13　创建刀路轨迹

➡ **选择工艺**　开始创建程序时系统将弹出"程序向导"对话框，设置主选择为"2.5 轴"、子选择为"型腔-平行切削"，如图 19-14 所示。

➡ **设置轮廓参数**　单击"零件轮廓"后的数量按钮，进入轮廓选择。在"轮廓管理器"对话框中设定 NC 参数，如图 19-15 所示。

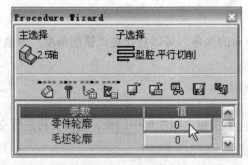

图 19-14　选择工艺

图 19-15　零件轮廓参数

➡ **选择零件轮廓**　移动光标拾取组合曲线，将改变显示颜色和粗细，如图 19-16 所示，单击鼠标中键完成轮廓线选择。

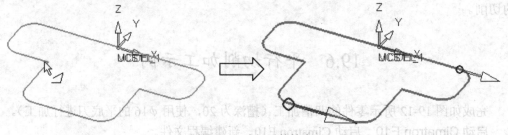

图 19-16　选择零件轮廓

➡ **创建刀具**　单击 图标，打开"刀具及夹头"对话框，单击【新刀具】图标 ，创建刀具，按如图 19-17 所示设置刀具参数，创建直径为 16 的平刀 D16。

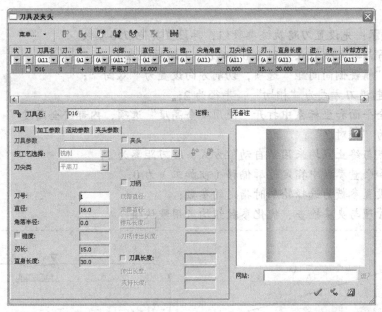

图 19-17　创建刀具

→ **设置刀路参数**　单击图标，设置刀路轨迹参数组中的参数，如图 19-18 所示。
→ **设置机床参数**　单击图标，设置主轴转速为 800、进给为 250，如图 19-19 所示。

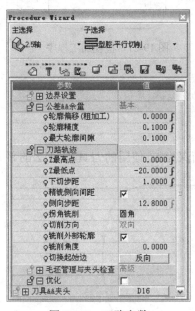

图 19-18　刀路参数

图 19-19　机床参数

→ **保存并计算**　单击【保存并计算】图标，运算程序生成刀路轨迹，如图 19-20 所示。
→ **检视加工程序**　对于生成的加工程序，从不同角度和局部区域检视刀具路径。如图 19-21 所示为在俯视图下显示的此程序的刀具路径。可以进行机床仿真进一步确认刀轨。
→ **保存文件**　单击工具栏中的【保存】图标，输入文件名"T19-NC"，保存文件。

> 📢 **提示**：先设置刀路轨迹参数组，再设置其他刀路参数。
> Z 最高点与 Z 最低点分别为 0 和-20，下切步距为 1；
> 打开"精铣侧向间距"选项，切削方向设置为"双向"；
> 轮廓进/退刀方式为"相切"，半径为 2；
> 在安全平面和坐标系中打开"使用安全高度"选项，内部安全高度
> 设置为"绝对 Z"；
> 进刀点与终止点均采用"自动"方式，缓刀距离为 1；
> 公差和余量参数中指定轮廓偏移（粗加工）为 0；
> 边界设置参数为选择轮廓时指定的参数；
> 毛坯管理与夹头检查、优化参数组均采用默认值。

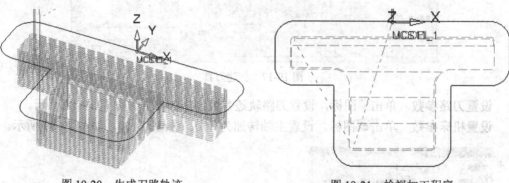

图 19-20　生成刀路轨迹　　　　　　　图 19-21　检视加工程序

复习与练习

完成如图 19-22 所示零件的凹槽加工程序创建（槽深为 5，使用的刀具为 $\phi12$ 的平刀）。

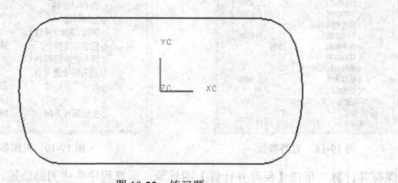

图 19-22　练习题

第 20 讲 型腔铣削

2.5 轴的型腔铣削包括平行切削和环绕切削、毛坯环切、精铣侧壁几个子选择，不同子选择的程序创建基本相同，只存在部分参数上的差异。本讲重点讲解不同参数的含义，并讲解型腔铣削子类型的选择。

本例零件有 3 个部分需要加工，外形部分的粗加工采用毛坯环切的方法由外向内一圈一圈加工；侧壁精加工采用精铣侧壁的方法进行单圈的精加工；中间的凹槽部分采用环绕切削的方法进行加工。

📚 本讲要点

- 📖 环绕切削的刀路参数设置
- 📖 毛坯环切的特点与应用
- 📖 精铣侧壁的特点与应用

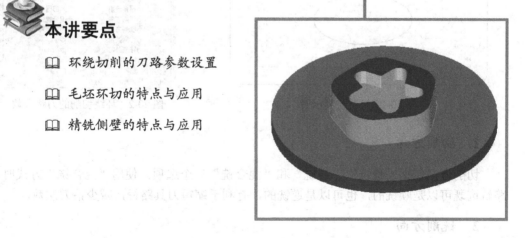

20.1 环 绕 切 削

型腔-环绕切削是以环绕方式走刀进行材料清除的。环绕切削加工生成的刀路轨迹在同一层内不抬刀，而在轮廓周边不留残余，是常用的子选择。如图 20-1 所示为环绕切削加工示例。

创建环绕切削加工的步骤以及加工对象选择、刀具选择、机床参数设置均与平行切削相同，如图 20-2 所示为型腔-环绕切削的刀路参数表，下面对前面没有介绍的部分参数进行说明。

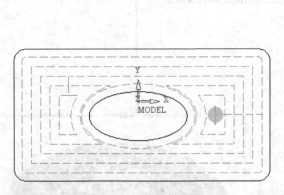

图 20-1　环绕切削示例

图 20-2　环绕切削的刀路参数

1．切削方向

切削方向包括"顺铣"、"逆铣"和"混合铣" 3 个选项。使用"混合铣"方式时，刀路轨迹既可以是顺铣的，也可以是逆铣的，有利于缩短刀具路径，减少抬刀次数。

2．铣削方向

铣削方向包括"由内往外"和"由外往内"两个选项，指定是由切削区域的中心向边缘加工还是由边缘向中心切削。

3．行间铣削

"行间铣削"选项可以清除行间的部分残余，选中该选项时，系统会生成一些局部的回圈加工以清除行间的余料，如图 20-3 所示。

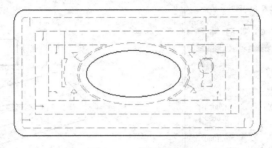

图 20-3 行间铣削

4. 区域

区域包括"连接"和"跳过"两个选项。选择"连接"选项，在碰到不同区域（形状有突变的刀路）时将通过直接连接，在同一层内加工而不抬刀；选择"跳过"选项，在碰到不同区域时会提刀到内部安全高度。

20.2 毛坯环切

型腔-毛坯环切是一种 2.5 轴的粗加工方式，将按照成型部分等距离偏移，直至到达中心或边界。如图 20-4 所示为毛坯环切产生的刀具路径示意图。

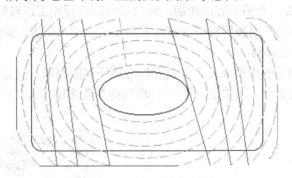

图 20-4 毛坯环切示意图

创建毛坯环切加工的步骤以及加工对象选择、刀具选择、机床参数设置均与环绕切削相同。如图 20-5 所示为毛坯环切的刀路参数表，与环绕切削的刀路参数基本相同，只有"断裂"选项是毛坯环切特有的参数。使用"环切"方式时，将严格按照偏移值进行加工，不会连接不同切削区域的切削刀轨；使用"区域"方式时，只要有可能，就会将相邻的两个刀轨连接起来，可以有效减少抬刀。如图 20-6 所示为选择不同断裂选项的对比图。

> 📢 **提示**：毛坯环切需定义毛坯轮廓，否则产生的刀具路径与环切方式相同。

图 20-5　毛坯环切的刀路参数

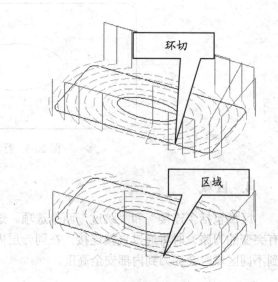

图 20-6　断裂

20.3　精铣侧壁

　　型腔-精铣侧壁加工形成型腔的轮廓，它沿着轮廓进行加工，与封闭轮廓铣有点类似，但是无需指定铣削方向，而按照轮廓的嵌套关系来确定加工侧边。如图 20-7 所示为型腔-精铣侧壁的 2.5 轴加工示例。

　　创建精铣侧壁加工的步骤以及参数设置均与环绕切削相同，只是刀路参数表中相对于环绕切削的刀路参数要少，如图 20-8 所示。相同的参数选项其含义也是相同的，请参考前面的内容。

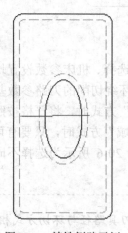

图 20-7　精铣侧壁示例

图 20-8　精铣侧壁的刀路参数

20.4　公共刀路参数设置

在刀路参数中，大部分选项组是各种加工所共有的，下面介绍这部分公共参数。

1. 进/退刀

"进/退刀"选项设置是为了改善铣刀开始接触工件和离开工件表面时的状况，避免刀具直接与工件表面相挤擦，及保护已加工表面。

（1）法向进/退刀。是以一段直线作引入线与轮廓线垂直的进刀方式，这种方式会在进刀处留下进刀痕，常用于粗加工。

（2）切向进/退刀。切向进/退刀是以一段圆弧作引入线与轮廓线相切的进刀方式，这种方式可以持续、缓慢地切削进入到轮廓边缘，可以获得比较好的加工表面质量，通常在精加工中使用。如果设定轮廓进/退刀方式为切向，则需要设定进刀圆弧半径，以平稳的方式切入/切出轮廓，一般在精加工的加工余量以外少许位置即可。

2. 内部安全高度

安全平面参数用于设置刀路在两个切削区域间或者两切削层之间转换的相关参数。内部安全高度是指在一个加工区域之内进行两行之间的移动时采用的转换方式，包括"增量"和"绝对值 Z"两个选项。

（1）增量。在两层间进行转换时，抬刀一个增量值高度，再移动到下一行切削的起始位置下刀进行切削，其刀具路径如图 20-9 所示。使用这种方式，需要指定增量值抬刀的距离较短，因而具有相对较高的效率。

（2）绝对值 Z。在两层间进行转换时，抬刀到指定的绝对值 Z 高度，再移动到下一行切削的起始位置下刀进行切削，其刀具路径如图 20-10 所示。需要指定绝对值 Z 的数值。使用这种方式有相对较高的安全性。

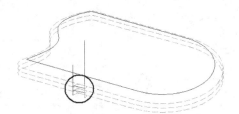

图 20-9　内部安全高度：增量

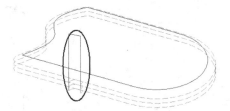

图 20-10　内部安全高度：绝对值 Z

> **提示**：使用"增量"方式时，需要注意是否会与工件发生干涉，如果以快速移动的方式撞上工件，将可能造成工件、刀具甚至机床的损坏。使用该方式时，一般需要选中优化参数组中的"快速走刀干涉"选项。

3. 缓刀距离

缓刀距离用于设置进刀时由快速进给转换到切入进给的切换高度，它使用相对高度。在缓刀距离以上使用 G00 方式快速移动，如图 20-11 所示；在缓刀距离以下使用进给的切削轨迹。缓刀距离开始进给时将使用切入进给率所给定的进给。

4. 进刀角度

采用环切或者毛坯环切时，可以设置进刀角度。当进刀角度小于 90°时，刀具将以螺旋方式切入材料，如图 20-12 所示，螺旋半径由参数"最大螺旋半径"定义，当螺旋半径设置为 0 时，将产生倾斜下刀。螺旋方式进刀有利于刀具的受力状况，采用螺旋方式下刀可以让刀具产生侧向的移动，从而使刀具的受力情况大为改善。设置螺旋下刀时，进刀角度通常设在 1°～15°之间。

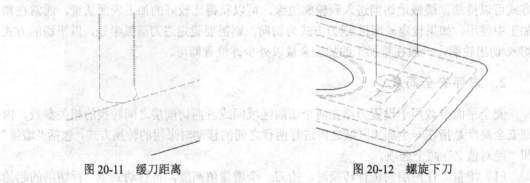

图 20-11　缓刀距离　　　　　　　　　　图 20-12　螺旋下刀

20.5　型腔加工示例

完成如图 20-13 所示零件的加工。毛坯为圆柱体，要求完成侧面、槽、侧壁的精加工。

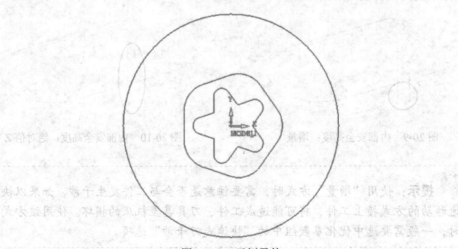

图 20-13　示例零件

➜ **启动 Cimatron E10**　启动 Cimatron E10，打开文件"T25.elt"。

 提示：原始文件中已经建立了刀具、刀轨与毛坯。

➜ **创建程序**　单击向导条中的【程序】图标，开始创建程序。系统将弹出"程序向导"对话框，设置主选择为"2.5 轴"、子选择为"型腔-毛坯环切"，如图 20-14 所示。

➜ **设置轮廓参数**　单击"零件轮廓"后的数量按钮，进入轮廓选择。在"轮廓管理器"对话框中设定 NC 参数，如图 20-15 所示。

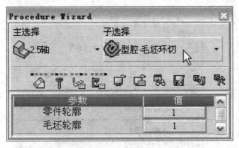

图 20-14　选择工艺

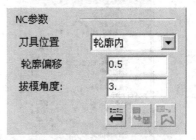

图 20-15　零件轮廓参数

 提示：将刀具位置设置为"轮廓内"，并且设置精修余量，同时设置其拔模角。

➜ **选择零件轮廓**　拾取五边形轮廓，如图 20-16 所示，单击鼠标中键完成轮廓线的选择。

➜ **选择毛坯轮廓**　单击"毛坯轮廓"后的数量按钮，进入轮廓选择。选择圆，完成选择后单击鼠标中键退出，如图 20-17 所示。

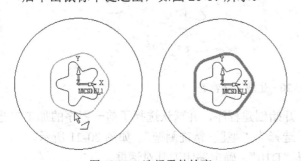

图 20-16　选择零件轮廓

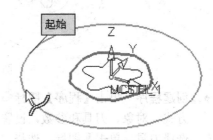

图 20-17　选择毛坯轮廓

➜ **选择刀具**　单击图标，选择刀具"D16"，确定关闭刀具对话框。

➜ **设置刀路参数**　单击图标，进行刀路参数设置，如图 20-18 所示。

➜ **设置机床参数**　单击图标，如图 20-19 所示，设置主轴转速为 3000、进给（毫米/分钟）为 1500，其余参数采用默认值。

📢 **提示**：进刀点偏移值为 0，使刀具不至于加工到毛坯以外太大范围；
侧向步距取刀具直径的 80%；
本程序进行粗加工，因此无需选择"精铣侧向间距"选项；
设置切削方向为"混合铣"，断裂选项为"区域"，最大可能地减
少抬刀。

图 20-18　刀路参数 1

图 20-19　机床参数

➔ **保存并计算**　单击🎬图标生成刀路轨迹，如图 20-20 所示。

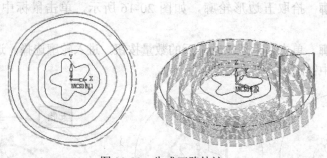

图 20-20　生成刀路轨迹

➔ **创建程序**　单击【程序】图标🍴，开始创建程序，并默认选择了前一程序的加工工艺
方式、对象、刀具和参数，设置子选择为"型腔-精铣侧壁"，如图 20-21 所示。

➔ **选择刀具**　单击🍴图标，选择刀具"D10"，确定关闭刀具对话框。

➔ **设置刀路参数**　单击🖾图标，设置刀路参数，如图 20-22 所示。

📢 **提示**：设置轮廓进/退刀方式为"相切"，以圆弧方式切入和切出；
更改轮廓偏移为 0，相比于在零件选择中更改参数要方便快捷；
由于有拔模角，所以以下切步距必须设置得较小，以获得足够的表面精度。

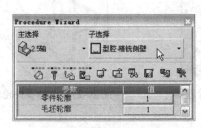

图 20-21　创建程序　　　　　　　　　　图 20-22　刀路参数 2

➔ **设置机床参数**　单击图标，切换到机床参数对话框，设置 V_c（米/分钟）为 150，进给（毫米/分钟）为 1500，其余参数采用默认值。

➔ **保存并计算**　单击图标，运算当前加工程序生成的刀路轨迹，如图 20-23 所示。

➔ **创建程序**　单击【程序】图标，系统将弹出"程序"向导对话框，选择"子选择"为"型腔-环绕切削"，如图 20-24 所示。

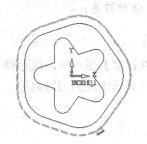

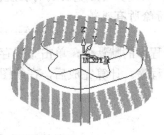

图 20-23　生成刀路轨迹 2　　　　　　　图 20-24　创建程序

➔ **取消毛坯轮廓**　单击"毛坯轮廓"后的数量，在"轮廓管理器"对话框中单击删除全部轮廓图标，取消拾取的毛坯轮廓，如图 20-25 所示，单击鼠标中键退出毛坯选择。

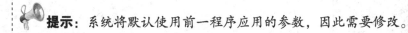

提示：系统将默认使用前一程序应用的参数，因此需要修改。

➔ **选择零件轮廓**　单击"零件轮廓"后的数量按钮，在"轮廓管理器"对话框中单击删除全部轮廓图标，取消前一程序选择的零件轮廓。设置 NC 参数，如图 20-26 所示。选择内部凹槽的轮廓，如图 20-27 所示。完成选择后单击鼠标中键退出。

➔ **设置刀路参数**　单击图标，设置刀路参数，如图 20-28 所示。

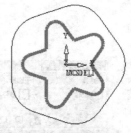

图 20-25　取消毛坯轮廓　　　　图 20-26　轮廓管理器　　　　图 20-27　选择零件轮廓

提示：设置轮廓进/退刀方式为"相切"、圆弧半径为 3；

设置进刀角度为 10，采用螺旋下刀方式；

本程序直接加工到位，所以需要选中"精铣侧向间距"选项，沿轮廓周边进行加工，并设置轮廓偏移（粗加工）为 1；并且外部轮廓为零件侧壁，所以需要选中"铣削外部轮廓"选项；

设置铣削方向为"混合铣"，可以提高加工效率；

设置切削方向为"由内往外"，以减少全刀宽切削的长度，保护刀具；

选中"行间铣削"选项，保证清除所有残料。

➔ **保存并计算**　机床参数采用前一程序的默认值，单击【保存并计算】图标，保存程序参数，并且立即运算当前加工程序。计算完成后，在绘图区显示生成的刀路轨迹，如图 20-29 所示。

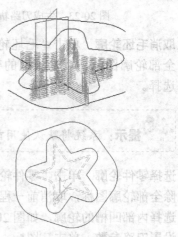

图 20-28　刀路参数 3　　　　　　　　图 20-29　生成刀路轨迹 3

➜ **保存文件**　单击工具栏中的【保存】图标，保存文件。

➜ **仿真模拟**　单击工具栏上的【机床仿真】图标 ，打开"机床仿真"对话框，选择所有刀轨，窗口内的各选项均可按默认值，直接单击【确定】按钮进行切削模拟。系统弹出开"Cimatron E-机床模拟"窗口，在工具条上单击 ▷ 按钮开始模拟切削，如图 20-30 所示为仿真检验结果。

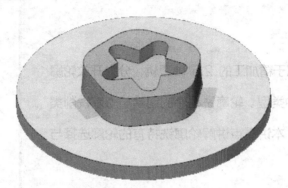

图 20-30　机床仿真结果

复习与练习

完成如图 20-31 所示零件的凸模加工程序创建（使用的刀具为 ϕ16 和 ϕ6 的立铣刀）。

图 20-31　练习题

存档文件，其创建方法中的【保存】按钮，创建一个……
改革开放……加工刀具库上的【设置】按钮…… "机床"的真……灯对，选择铣
床刀库，……框内的名称可以读入……
此时打开"Operation E-B"对话框，框下……

第 21 讲　轮廓铣

　　轮廓铣是一种用于精加工的 2.5 轴刀轨，分为开放轮廓
铣与封闭轮廓铣两种类型。轮廓铣程序的创建与型腔铣削类
似，但也有所差别。本讲重点讲解轮廓铣特有的轮廓选择与
参数设置。

　　本例零件的毛坯为圆柱体，先将开口处作开放轮廓铣去
除部分材料，使周边残余量较均匀，再创建整个轮廓的精加
工程序，采用封闭轮廓铣的方法进行加工。

完成如图 20-31 所示零件的刀具轨迹加工过程创建（如图所示刀具 φ16 和 16 的立铣刀）。

本讲要点

　　📖 轮廓铣的特点与应用

　　📖 轮廓铣的零件选择

　　📖 轮廓铣的刀路参数设置

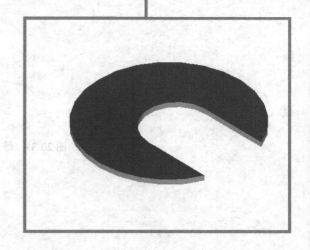

图 20-31　零件图

21.1　轮廓铣简介

1.　开放轮廓铣

开放轮廓铣是 2.5 轴精加工的一种方式，它沿着开放的轮廓线生成切削加工的刀路轨迹。轮廓线可以是一条或数条。如图 21-1 所示为开放轮廓铣加工示例。

2.　封闭轮廓铣

封闭轮廓铣沿着封闭的轮廓线生成切削加工的刀路轨迹。轮廓线可以是一条或数条，但多条轮廓线是相互独立的，不形成嵌套。如图 21-2 所示为封闭轮廓铣加工示例。

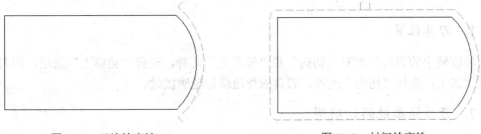

図 21-1　开放轮廓铣　　　　　　　　図 21-2　封闭轮廓铣

提示：选择开放轮廓铣时，也可以对封闭的轮廓进行加工，但其端点的连接方式不同。

21.2　轮廓铣的零件选择

创建封闭轮廓铣时，零件选择中只有"轮廓" 1 个选项；创建开放轮廓铣时，零件选择包括"轮廓"、"起始检查"和"结束检查" 3 个选项，如图 21-3 所示。

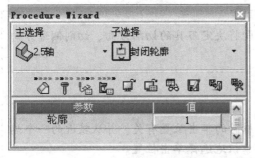

図 21-3　轮廓铣的零件选择

轮廓铣与型腔铣削的零件轮廓选择一样，都会弹出"轮廓管理器"对话框，但其中的 NC 参数部分稍有不同，如图 21-4 所示为开放轮廓与封闭轮廓的 NC 参数。

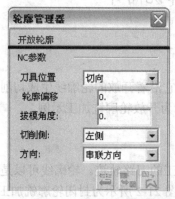 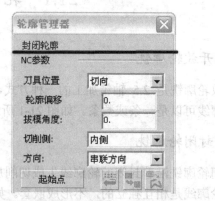

图 21-4　开放轮廓与封闭轮廓的 NC 参数

1．刀具位置

轮廓铣中的刀具位置有"切向"和"轮廓上"两种，选择"轮廓上"选项，则刀具在轮廓上加工；选择"切向"选项，刀具的外边缘与轮廓接触。

2．开放轮廓铣的切削侧

开放轮廓铣的切削侧可以选择"左侧"或"右侧"选项，可按刀具的运动方向，根据刀具的中心偏向轮廓线的那一侧来判断。

3．封闭轮廓铣的切削侧

封闭轮廓铣的切削侧可以选择"内侧"或"外侧"选项。判断很直观，与轮廓的串联方向无关，在封闭轮廓范围以内的为内侧，在封闭范围以外的为外侧。

封闭轮廓铣的轮廓选择默认使用"自动串连"方式。开放轮廓铣的轮廓一般使用"自动限定串"方式，其操作步骤如下。

拾取一条曲线或者曲面边界，确定其串连方向，再拾取最后一条曲线，系统将自动按指定的串连方向选中两条曲线间的所有相连曲线，单击鼠标中键确认一条轮廓线的选择，接着可以进行第 2 条轮廓线的选择。如果没有后续曲线，则单击鼠标中键确认轮廓选择完成。

提示：箭头即为串连方向，该方向将决定刀具的切削方向、切削侧边方向和轮廓线偏移方向。

提示：默认的箭头方向与选择轮廓时的单击位置有关，并从较近的一个端点指向较远的一个端点，因此可以有意识地选择单击位置。

21.3　轮廓铣的刀路参数

1. 进/退刀

轮廓铣的进/退刀参数组用于设置进刀与退刀参数，主要是为了避免刀具与工件成形侧壁发生挤擦。轮廓进刀类型和轮廓退刀类型是相对应的，可以选择法向、相切和等分，不同的进/退刀类型所需要设置的参数也不同。

（1）法向。法向进/退刀是以一段直线作引入线与轮廓线垂直的进/退刀方式。需要设定法向进刀线（退刀线）长度，如图 21-5 所示为法向进/退刀的示意图。

（2）相切。相切进/退刀是以一段圆弧作引入线与轮廓线相切的进/退刀方式，需要设定进/退刀圆弧半径。这种方式可以持续缓慢地切削进入（切出）到轮廓边缘，可以获得比较好的加工表面质量，通常在精加工中使用。如图 21-6 所示为切向进/退刀的示意图。

（3）等分。等分进/退刀以检查曲线和轮廓线的角平分线作引入线。

（4）延伸。在进刀和退刀选项下，分别有延伸选项，表示在进刀点之前延伸长度进刀与在退刀点之后再延伸距离的切削后才退刀。设定了进/退刀延伸后，引入线（引出线）将延伸后的点作为进刀（退刀）点。如图 21-7 所示为封闭轮廓铣进/退刀延长线的示例。

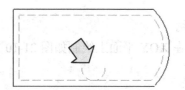 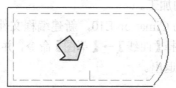 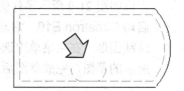

图 21-5　"法向"进/退刀　　　图 21-6　"切向"进/退刀　　　图 21-7　进/退刀延伸

> **提示**：轮廓铣加工是不进行过切检查的，因此铣削封闭轮廓时，起始点最好不要设置在转角附近的位置，并注意进/退刀及其延伸段是否会发生过切。

2. 毛坯宽度

毛坯宽度用于定义在轮廓侧壁上的加工余量。设置毛坯宽度后再设定合理的侧向步距，可以进行多刀次加工。

3. 拐角铣削

拐角部位，特别是较小角度拐角部位，机床的运动方向发生突变，产生切削负荷的大幅度变化，对刀具是极其不利的。Cimatron E 可以设定在拐角处的不同运动方式，包括"圆角"、"尖角"、"尖角运动"和"所有圆角"。一般来说，应优先使用"圆角"方式，可以有比较圆滑的过渡；使用"所有圆角"方式，将在凹角部位留下残余。如图 21-8 所示为不同拐角方式的示例。

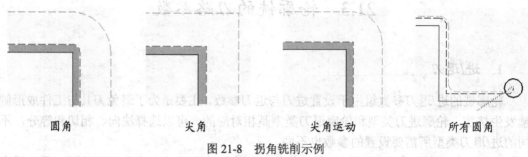

| 圆角 | 尖角 | 尖角运动 | 所有圆角 |

图 21-8　拐角铣削示例

4. 切削方向

开放轮廓铣中，可以指定刀具铣削的单/双向。切削方向中还有一组选项，即"顺铣"和"逆铣"。变换顺/逆铣切削方向时，开放轮廓加工的刀具路径的起点和终点将发生变换。对于封闭轮廓而言，切削方向将发生变化。顺铣时，材料在刀具前进方向的右边；逆铣时，则在左边。长箭头表示切削侧边，而短箭头表示切削方向。

21.4　轮廓铣加工示例

完成如图 21-9 所示零件的加工。

➔ **启动 Cimatron E10**　启动 Cimatron E10，新建编程文件。

➔ **绘制图形**　在主菜单中选择【曲线】→【草图】命令，并在 XOY 平面上绘制如图 21-10 所示的草图，完成草图后退出。

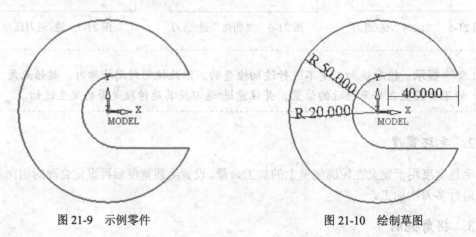

图 21-9　示例零件　　　　　　　　　　　图 21-10　绘制草图

➔ **创建刀具**　单击【刀具】图标，进入新建刀具功能。系统会弹出"刀具及夹头"对话框，按如图 21-11 所示设置刀具参数，创建直径为 12 的平底铣刀 D12。

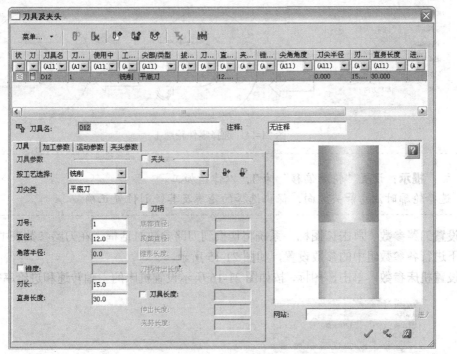

图 21-11　创建刀具

➜ **新建刀路轨迹**　单击【刀轨】图标，创建 2.5 轴的刀路轨迹，如图 21-12 所示。

➜ **创建程序**　单击【程序】图标，设置主选择为 "2.5 轴"，子选择为 "开放轮廓"，如图 21-13 所示。

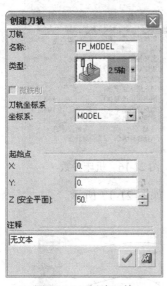

图 21-12　创建刀轨

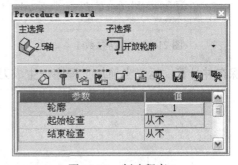

图 21-13　创建程序 1

➜ **选择零件轮廓**　单击 "零件轮廓" 后的数量按钮，进入轮廓选择。首先在 "轮廓管理器" 对话框中设定 NC 参数，再选择 U 形槽的上边线为起始段，拾取下边线为终止段，单击鼠标中键完成轮廓线选择，如图 21-14 所示。

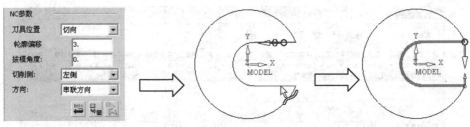

图 21-14　选择零件轮廓 1

提示：设置"轮廓偏移"为 3，以作精加工。
选择轮廓时注意箭头方向，保证选择的轮廓及其铣削位置正确。

➜ **设置刀路参数**　单击 图标，系统将切换到刀路参数对话框。在刀路参数表中从上到下进行各参数组中的参数设置，如图 21-15 所示。

➜ **设置机床参数**　单击 图标，按如图 21-16 所示设置机床的主轴转速和进给率等参数。

图 21-15　刀路参数 1

图 21-16　机床参数

➜ **保存并计算**　运算当前加工程序，生成刀路轨迹，如图 21-17 所示。

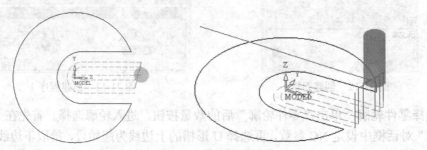

图 21-17　生成刀路轨迹

> **提示**：设置进刀延伸，以使刀具在毛坯范围以外下刀；
> 退刀延伸相对于进刀延伸值要小；
> 设置的下切步距大于 Z 最高点与最低点的差值，只做单层加工；
> 设置毛坯宽度，并且设置指定侧向步距，分多次加工；
> 切削方向设置为"单向"，保持所有层均在毛坯以外下刀。

➜ **创建程序**　单击向导条中的【程序】图标 ⚙，选择"子选择"为"封闭轮廓"，如图 21-18 所示。

图 21-18　创建程序 2

➜ **选择零件轮廓**　单击"零件轮廓"后的数量按钮，进入轮廓选择。修改"轮廓管理器"对话框的 NC 参数中的轮廓偏移值为 0；再选择圆，系统自动串连选择所有曲线，单击鼠标中键完成轮廓线选择，如图 21-19 所示。

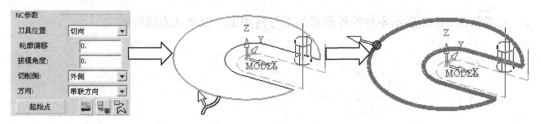

图 21-19　选择零件轮廓 2

➜ **设置刀路参数**　单击 📋 图标，系统将切换到刀路参数对话框。在刀路参数表中从上到下进行各参数组中的参数设置，如图 21-20 所示。

➜ **保存并计算**　单击【保存并计算】图标 🖥，计算程序生成刀路轨迹，并可以通过不同角度对刀路及其局部进行检视，如图 21-21 所示。

> **提示**：设置进退类型均为"相切"，并设置延伸，可以保证不留进刀痕；
> 设置毛坯宽度为 3、侧向步距为 2.5，则进行两刀加工，并且后一刀的余量为 0.5，以取得较高的表面质量；
> 拐角采用"尖角运动"方式，保证交点的准确性；
> 切削方向设置为"顺铣"，有相对较好的加工质量。

➜ **保存文件**　单击工具栏中的【保存】图标 💾，输入文件名"T21-NC"，保存文件。

图 21-20　刀路参数 2

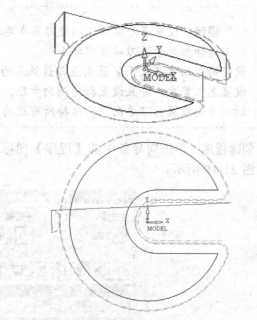

图 21-21　刀路轨迹

复习与练习

完成如图 21-22 所示零件的外形粗加工与精加工，以及文本曲线的加工。

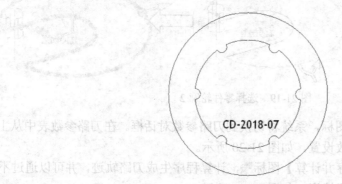

CD-2018-07

图 21-22　练习题

第22讲 钻孔加工

钻孔加工用于在工件创建钻孔加工程序，创建钻孔加工程序的重点在于钻孔点的选择和深度参数的设置。

本例零件上有多个孔，分布在 3 个台阶上，要创建钻孔加工程序，需要指定钻孔点，并指定钻孔深度、起始位置、退刀方式等，还要创建钻孔用刀具，设置机床参数。

本讲要点

- 钻孔加工的特点与应用
- 钻孔点的选择
- 钻孔刀具与机床参数
- 钻孔加工的刀路参数设置

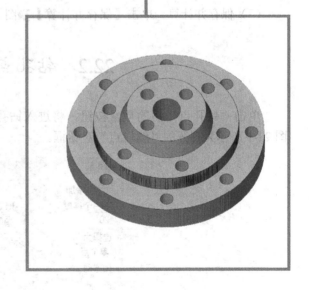

22.1　钻孔加工简介

Cimatron E10 的钻孔加工可以指定多种参数，设定钻孔参数后，将自动输出相对应的钻孔固定循环加工指令，包括钻孔、铰孔、镗孔和攻丝等加工方法。

钻孔加工必须指定的条件包括钻孔位置、钻孔深度、钻孔方式和钻孔参数。在向导模式下创建一个钻孔加工程序的基本过程如下。

（1）创建程序。先调入模型并创建刀路轨迹，再在向导条上单击【创建程序】图标。

（2）选择工艺方式。在工艺对话框中设置主选择为"钻孔"、子选择为"钻孔 3x"。

（3）选择加工对象。单击对话框中"钻孔点"后的数量按钮，将弹出"编辑点"对话框，先设定好点的参数，再在图形上拾取钻孔点。完成选择后单击鼠标中键确认钻孔点的选择。

（4）选择刀具。单击 图标，弹出"刀具及夹头"对话框，进行刀具的创建或选择。

（5）设置刀路参数。单击 图标，打开刀路参数对话框，进行钻孔参数、深度参数和钻孔退刀参数的设置。

（6）设置机床参数。单击 图标，切换到机床参数对话框，设置机床的主轴转速、进给率等参数。

（7）保存并计算。单击【保存并计算】 图标，进行程序运算生成刀具轨迹。

22.2　钻孔点的选择

单击"钻孔点"后的数量按钮，将进入钻孔点选择，首先要设置所选点的参数，如图 22-1 所示为打开的"编辑点"对话框。

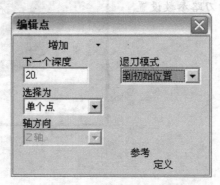

图 22-1　"编辑点"对话框

1．下一个深度

"下一个深度"选项用于指定要选择点的钻孔加工深度。设置的深度值将对后面选择的点起作用，如图 22-2 所示为设置不同下一个深度值的钻孔刀路。

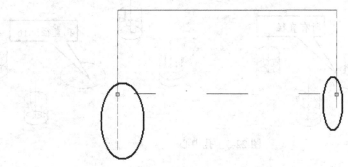

图 22-2　下一个深度

> **提示**：深度值对以前所选的点不起作用，只对当前选择的点有效，并将作为以后所选择点的深度默认值。
>
> 深度值为一个相对值，指从指定点的位置向下钻孔到这一深度，所以虽然是在下方，但其值仍要设为正值。

2. 退刀模式

退刀模式用于指定完成一个孔的钻削加工后，转移到下一个钻孔点时的抬刀位置。"到初始位置"选项相当于 G 指令的 G98 固定循环起始点复归，具有较高的安全性；"到转换位置"选项相当于 G 指令的 G99 固定循环 R 点复归，退刀到退刀点的退刀路径相对较短。

3. 选择为

点的选择方式包括单个点、圆柱中心和孔中心 3 种。

（1）单个点。直接选择点。点的指定方法与生成点元素的方法一样，可以配合使用点过滤方式进行快捷的选择，如图 22-3 所示。

（2）圆柱中心。在图形上选择圆柱面，其轴心线的上端点将被定义为钻孔的位置。如图 22-4 所示为拾取两个圆柱面，则其轴心线的上端点作为钻孔点。

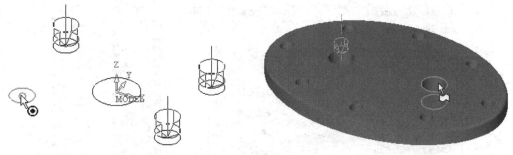

图 22-3　选择单个点　　　　　　　　图 22-4　圆柱中心

（3）孔中心。在绘图区拖动出一个窗口，系统自动选择窗口内图形实体上的孔中心点作为钻孔点。并可以指定按其孔尺寸选择。选择"根据直径"选项时，只有直径等于指定的"孔直径"时孔中心才能被选择。如图 22-5 所示为选择不同选项时的选择结果。

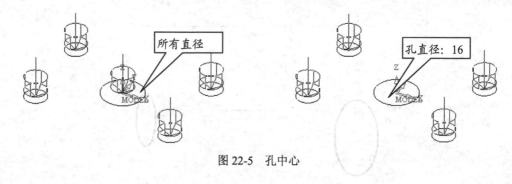

图 22-5　孔中心

4．参考

定义一个面，所选的点可以投影到面上作为钻孔的起始点。单击【定义】按钮，选择一个面后，将显示为"当前"，并且显示"方向投影"选项，选中"方向投影"选项，则所选的钻孔点将投影到参考面上。

5．操作方式

操作方式包括"增加"、"修改"和"取消选择"3 个选项。选择点时应将该选项设为"增加"；选择"修改"选项时，可以修改拾取点的参数；选择"取消选择"选项时，可以排除选择的点。

22.3　钻孔加工刀具与机床参数

1．钻孔刀具

在创建刀具时，将按工艺选择设置为"钻孔"，可以创建钻孔刀具。如图 22-6 所示，通常钻孔刀具的类型为"钻头"，其主要参数只有直径和刀尖角度，指定刀尖角度，刀具端部将形成一个尖点。

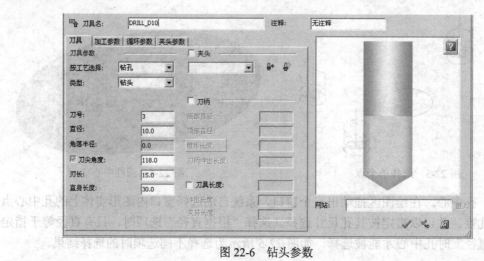

图 22-6　钻头参数

2. 机床参数

钻孔加工机床参数相对于铣削加工而言，其参数较少，一般只需要设置主轴转速与进给即可。

 提示：钻孔加工时，将从退刀点位置开始使用进给速度。

22.4　钻孔加工刀路参数设定

钻孔加工的刀路参数表如图 22-7 所示，主要包括"钻孔参数"、"深度参数"和"钻孔退刀" 3 个参数组。

图 22-7　钻孔加工刀路参数

22.4.1　钻孔参数

1. 钻孔类型

钻也类型可以选择包括点钻、铰孔、镗孔、攻丝等方式在内的各种标准固定循环指令，Cimatron E10 提供了 12 种循环方式，如图 22-8 所示。不同钻孔类型可以设置不同的参数。

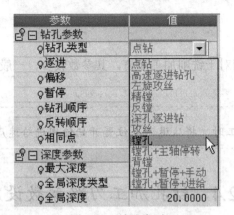

图 22-8　钻孔类型

> **提示**：选择了钻孔类型后，其程序参数表中的部分选项将发生变化。将打开对所选加工方式有效的参数，并自动设为打开。
>
> 选择加工形式决定了其参数是否有效，如果选择了不正确的钻孔循环方式，那么所设置的部分参数将可能是无效的。

2. 逐进

"逐进"选项对于高速逐进钻孔和深孔逐进钻孔方式有效。打开"逐进"选项时，需要设定步进和步退。步进表示每次工进深度，即标准代码中的 Q_；步退表示退屑高度。

3. 偏移

对于精镗和镗孔+主轴停转钻孔方式有效。对于镗孔加工到底部后，作偏移后再抬刀，需要分别指定 X 向变换 I 和 Y 向变换 J，相对应于孔加工指令中的 I_、J_。

4. 暂停

"暂停"选项对于反镗、镗孔+暂停+进给和镗孔+暂停+手动钻孔方式，即 G82、G89、G88 指令有效。指定刀具在钻削到指定尺寸后，在孔底部停留一段时间，以保证取得准确的孔深度。使用"暂停"方式时，需要指定暂停的时间，相对应于孔加工指令中的 P_。

5. 钻孔顺序

钻孔顺序包括选择顺序、X 方向优先和 Y 方向优先 3 个选项，指定依坐标轴方向的次序切削或者按点的选择顺序进行钻孔加工。钻孔加工顺序在某些情况下会影响加工效率。

6. 反转顺序

关闭"反转顺序"选项时按点的选择顺序进行加工，而打开"反转顺序"选项时则按点选择的倒序进行加工，即按从最后选择的点到第一个选择的点的顺序进行加工。

7．相同点

当选择的点中有同一位置的点，即其 X、Y 坐标相同时，若使用孔中心选择，会选择孔的上端点与下端点，可以指定为"使用顶部"、"使用底部"或"计算深度"。

22.4.2　深度参数

1．最大深度

当选择了多个点，设置了不同的钻孔深度时，可以使用最大深度计算方式得到最大深度值。系统会弹出一个窗口显示计算所得的最大深度值。

2．全局深度类型

全局深度类型包括"全局深度"、"全局 Z 顶部"和"全局 Z 底部"3 个选项。可以设定所有钻孔点统一的深度或起始、终止高度，也可以指定统一的全局 Z 顶部和全局 Z 底部作为起始高度或终止高度。

3．深度

深度指定了钻孔深度的最后计算方法。由于钻头的端部一般为尖角，以刀尖进行计算钻孔深度在某些情况下可能会造成孔的深度不足。设置深度有 3 种方法，分别是刀尖、完整直径和倒角直径。如图 22-9 所示为深度计算方式设定为不同选项时的示意图。

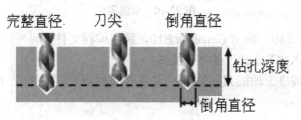

图 22-9　深度计算

22.4.3　钻孔退刀

1．退刀模式

退刀模式与点选择时的参数一致，但在此处可以对该选项进行修改，修改结果对所有点产生作用。

2．初始增量

初始增量值是相对于所选点的高度，或者是指定的全局 Z 值最大值。如果设定抬刀为到初始位置，将抬刀到这一高度再作横向转移。设置该高度时考虑到安全性，一般应高于零件的最高表面。

3. 增量退刀

增量退刀值即指令代码中的 R_值，从该位置起，刀具将作切削进给。该值的设置使用相对于所选点的高度，或者是指定的全局 Z 值最大值。如果设定抬刀为到退刀点，将抬刀到这一距离再作横向转移。

22.5 钻孔加工示例

完成如图 22-10 所示零件的钻孔加工，零件分 3 个台阶，顶面上有 4 个 $\phi 10$ 的孔；第一个台阶面上有 6 个均布的 $\phi 10$ 的孔，分布在正六边形的端点；第二个台阶面上有 8 个均布的 $\phi 10$ 的孔，所有孔均为通孔。

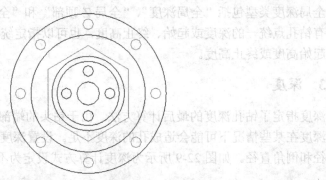

图 22-10 示例零件

➡ **启动 Cimatron E10** 启动 Cimatron E10，新建编程文件。

➡ **调入模型** 调入 "T22.elt" 的零件文件。

➡ **新建刀轨** 创建 2.5 轴的刀路轨迹，设置 "起始点" 栏中的 Z（安全平面）为 50，如图 22-11 所示。

图 22-11 创建刀路轨迹

➔ **创建程序**　单击向导条中的【程序】图标，开始创建程序。在"程序向导"对话框中，设置主选择为"钻孔"，如图 22-12 所示。

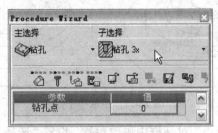

图 22-12　创建钻孔程序

➔ **选择圆柱中心钻孔点**　单击"钻孔点"后的数量按钮，设置"退刀模式"为"到退刀点"、"选择为"为"圆柱中心"，如图 22-13 所示。在图形上拾取顶面上孔表面，确定为钻孔点，再拾取另外 3 个孔表面，如图 22-14 所示。

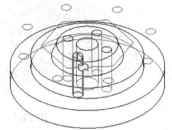

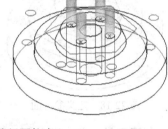

图 22-13　"编辑点"对话框　　　　　　图 22-14　选择圆柱中心

➔ **选择单个点**　在"编辑点"对话框中更改参数，设置"退刀模式"为"到初始位置"、"选择为"为"单个点"，如图 22-15 所示。再单击【定义】按钮，在图形上拾取第一个台阶面，如图 22-16 所示，打开"方向投影"选项，拾取正六边形的每一角落点，则选择的点将投影到参考面为钻孔点，如图 22-17 所示。

> **提示：** 孔的位置低于最高点，因而必须退刀到初始位置。

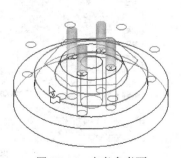

图 22-15　修改参数　　　　　　　　图 22-16　定义参考面

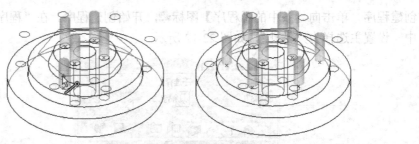

图 22-17　拾取单个点

➜ **选择孔中心**　在"编辑点"对话框中更改参数，设置"选择为"为"孔中心"，单击【当前】按钮切换成【定义】，再单击【定义】按钮，在图形上拾取第二个台阶面，如图 22-18 所示。打开"方向投影"选项，依次拾取圆，则圆心点将投影到参考面为钻孔点，如图 22-19 所示。

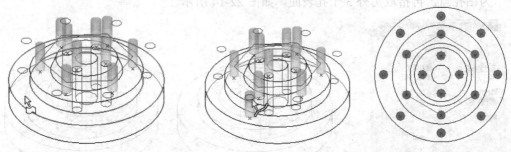

图 22-18　定义参考面　　　　　　　　　图 22-19　拾取钻孔点宋

➜ **创建刀具**　单击 图标，系统将弹出"刀具及夹头"对话框，单击【新刀具】图标 ，创建刀具，按如图 22-20 所示设置刀具参数，创建直径为 10 的钻头 Z10。

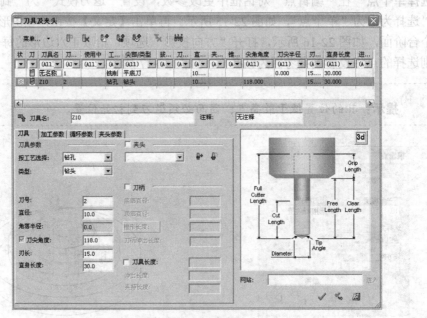

图 22-20　创建刀具

➜ **设置刀路参数**　单击图标，系统将切换到刀路参数对话框。在刀路参数表中从上到下进行各参数组中的参数设置，如图 22-21 所示。

➜ **设置机床参数**　确认刀路参数后单击图标切换到机床参数对话框，按如图 22-22 所示设置机床的主轴转速和进给率等参数。

图 22-21　刀路参数

图 22-22　机床参数

> **提示**：由于孔深度较大，所以选择"高速逐进钻孔"选项；
> 所有孔的底部位置相同，指定为"全局 Z 底部"；
> 全局 Z 底部可以在图形上拾取底面上的点来指定；
> 为保证钻穿，选择"完整直径"选项作为深度计算方式；
> 初始增量可以修改。

➜ **保存并计算**　完成所有参数设置后，单击【保存并计算】图标，运算当前加工程序。计算完成后，在绘图区显示生成的刀路轨迹，如图 22-23 所示。

➜ **保存文件**　单击工具栏中的【保存】图标，输入文件名"T22-NC"，保存文件。

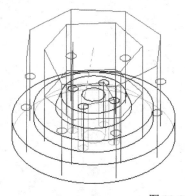

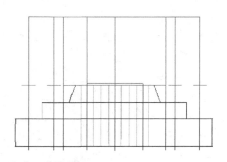

图 22-23　生成刀路轨迹

复习与练习

完成如图 22-24 所示零件上的孔加工。

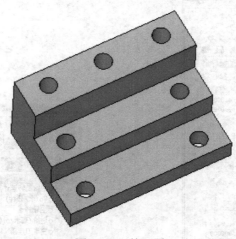

图 22-24　练习题

第 23 讲　程序管理器

通过程序管理器可以方便地进行程序的管理和操作，如修改参数、复制程序等。而对于生成的程序，可以进行检验和以零件与毛坯为基础条件的仿真模拟。本讲重点讲解程序管理器的应用与毛坯的创建。

本例零件为圆柱形，可以以其轮廓线来创建毛坯；创建凹槽的粗加工与精加工程序，可以通过复制粗加工工序再修改部分参数创建精加工程序。

本讲要点

- 📖 认识程序管理器
- 📖 零件与毛坯的建立

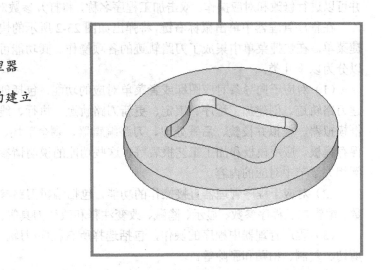

23.1　程序管理器简介

Cimatron E10 的程序管理器具有很强的功能，刀具轨迹或者加工程序的建立、执行、后处理、切削模拟等功能都可以在程序管理器中实施。同时，可以在程序管理器中进行刀具路径的各种辅助操作，如建立路径模板，路径的复制、移动、删除，路径的显示或隐藏和刀具路径的手工编辑等。因此，刀具程序管理是 Cimatron E10 数控编程中一个必不可少的重要工具。如图 23-1 所示为程序管理器的示例。

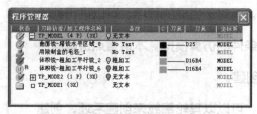

图 23-1　程序管理器

> **提示：** 🔊表示毛坯、工件；✗表示程序未完成；✓表示程序完成；❗表示经最佳化的程序。

程序管理器中每一行显示一个刀路轨迹或加工程序，而在后面会显示一些相关的参数，并可以进行修改和对应操作。双击加工程序名称，将打开参数对话框，可以进行参数的修改。

在程序管理器中单击鼠标右键，将弹出如图 23-2 所示的快捷菜单。在快捷菜单中集成了刀路轨迹的各项操作。其功能可以分为以下几类。

（1）对应于向导条对应图标或者菜单对应的功能，包括创建刀路轨迹、创建加工程序、锁定、更新刀路轨迹、执行、线框模拟器、模拟并校验、后置处理、刀路编辑器、剩余毛坯、保存模板、应用模板和加工工艺报表等。这些功能的说明请参阅相关章节中对应的内容。

（2）对应于程序管理器直接操作的功能，包括编辑刀路参数、编辑加工程序参数、显示、隐藏、改变注释和改变刀具等。

（3）程序管理器中程序的操作，包括选择所有程序/刀轨、剪切、复制、粘贴和删除等。

选择程序后，可以对程序进行剪切、复制、粘贴和删除等操作。

（1）剪切和复制。用于在程序管理器中剪切或复制所选的刀路轨迹或加工程序对象到剪贴板上，以便将所选对象粘贴到所需的位置。剪切和复制操作的不同在于，使用"剪切"方式时将删除原对象；而"复制"方式则保留原对象。

图 23-2　程序管理快捷菜单

（2）粘贴。该选项将先前剪切或复制的对象粘贴到当前选择的位置之后。在程序管理器中，使用剪切和粘贴功能可以重新排列各个操作的顺序。

（3）删除。该选项将永久删除选择的刀路轨迹或加工程序对象。

> **提示**：使用鼠标左键可以选择一个程序或刀轨，而如果按住 Ctrl 键选择，将作为反选功能使用，可以选择多个程序或刀轨。
> 如果将一个刀路轨迹进行剪切或复制，则该刀路轨迹中的所有加工程序也将被剪切或复制。

23.2　零件与毛坯的建立

在加工中，零件用来表示理想情况下的最终产品，它将在后面的检验中被用来进行零件的实际加工结果和理想状态的比较。建立零件通常是选择所有曲面，直接确定创建零件，如图 23-3 所示，也可以单击"重新选择"指定零件曲面。

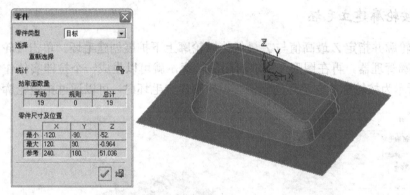

图 23-3　创建零件

毛坯用作创建程序时的初始参考体，在 Cimatron E10 的向导条或者菜单中选择毛坯功能，系统将弹出"初始毛坯"对话框。在该对话框中选择不同的毛坯类型可以使用不同的方法创建毛坯。

> **提示**：3 轴铣削中的大部分新 NC 策略加工方式都需要设置毛坯，而使用传统加工程序中的子选择则不一定选择毛坯。

1．按曲面建立毛坯

按曲面建立毛坯是通过选择曲面，指定曲面的偏移值生成一个毛坯工序，这种方式适用于铸件等表面余量较为均匀的零件的毛坯生成。在"初始毛坯"对话框中选择毛坯类型为"曲面"时，指定其曲面偏移值，就可以使所选的曲面偏移一个偏移值生成毛坯；可以指定 Z 最小值向下扩展，如图 23-4 所示为按曲面建立毛坯的示例。

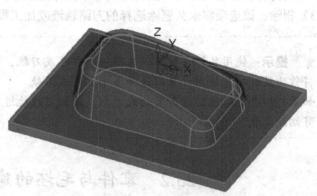

图 23-4　按曲面建立毛坯

 提示：系统默认为选择所有曲面，直接在图形上单击可以反选。

2. 按轮廓建立毛坯

选择轮廓并指定 Z 最高值与 Z 最低值以轮廓上下扩展创建毛坯。单击【轮廓】按钮，可弹出轮廓管理器，再在图形上拾取封闭的轮廓，就可以生成一个拉伸实体作为毛坯。如图 23-5 所示为按轮廓建立毛坯的示例。以轮廓建立毛坯时，可以通过指定轮廓偏置值调整毛坯大小。

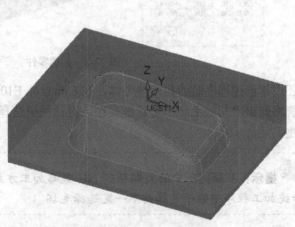

图 23-5　按轮廓建立毛坯

3. 按矩形建立毛坯

按矩形建立毛坯是以指定的两对角点定义一个立方体当作毛坯。在图形上指定两个点或者两个点坐标创建一个立方体毛坯，如图 23-6 所示为按矩形建立毛坯的示例。

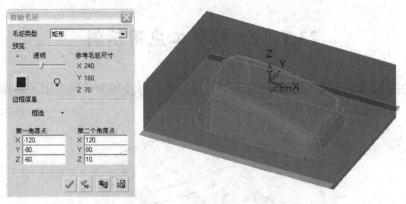

图 23-6　按矩形建立毛坯

4. 按限制盒建立毛坯

按限制盒建立毛坯的方法是用一个箱体将所有曲面包容在内的一种毛坯建立方法。该方法适用于创建复杂零件的立方体毛坯件。这种毛坯建立方法最为常用，并且是 Cimatron E10 毛坯建立的默认方法。如图 23-7 所示为按限制盒建立毛坯的示例。

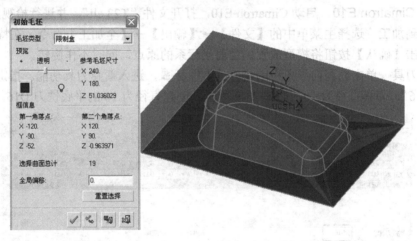

图 23-7　按限制盒建立毛坯

> **提示：** 曲线图素也将作为包容的物体。

5. 从文件创建毛坯

从文件创建毛坯是指通过读入一个已经保存的毛坯文件来当作当前使用的毛坯。该方法适用于已经经过加工并保存了毛坯文件的模型。

> **提示：** 创建毛坯时并不在图形上作预览，需要在程序管理器中双击来显示毛坯，并可以编辑毛坯参数。

23.3　2.5 轴加工应用示例

完成如图 23-8 所示零件侧面的粗加工与精加工，以及顶面的精加工（零件侧面有 2°的拔模角，零件毛坯为圆柱体）。

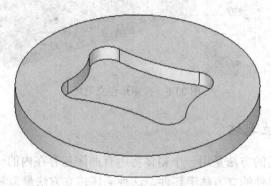

图 23-8　示例零件

➡ **启动 Cimatron E10**　启动 Cimatron E10，打开文件"T23.elt"，并进行检视。

➡ **输出到加工**　选择主菜单中的【文件】→【输出】→【至加工】命令，在特征向导栏中单击【确认】按钮将模型放置到当前坐标系的原点，同时不作旋转。

➡ **创建刀具**　单击编程向导条中的【刀具】图标 ，进入新建刀具功能。指定刀具名为"D16"、刀具直径为 16，如图 23-9 所示，创建直径为 16 的平底铣刀 D16。

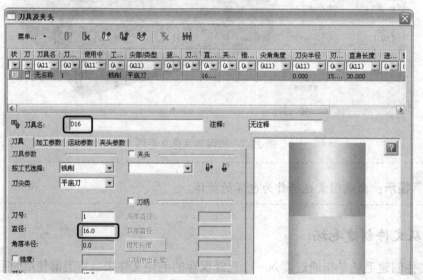

图 23-9　创建刀具

➡ **新建刀轨**　单击向导条中的【刀轨】图标 ，系统将弹出"创建刀轨"对话框，如图 23-10 所示，创建 2.5 轴加工的刀路轨迹。设置"起始点"栏中的 Z（安全平面）为50，在屏幕上紫色透明的平面表示安全平面位置，如图 23-11 所示，确定创建刀轨。

图 23-10　创建刀路轨迹

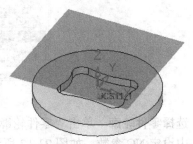

图 23-11　安全平面显示

➜ **创建毛坯**　单击向导条中的【毛坯】图标 ，进入创建毛坯功能，系统会弹出"初始毛坯"对话框，选择"毛坯类型"为"轮廓"，并设置其他参数，如图 23-12 所示。选择圆为毛坯轮廓，确定创建毛坯，如图 23-13 所示。

图 23-12　初始毛坯

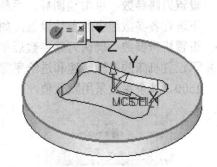

图 23-13　选择毛坯轮廓

在程序管理器中将显示毛坯工序"用轮廓毛坯_2"，如图 23-14 所示。双击毛坯工序即可显示毛坯，如图 23-15 所示。

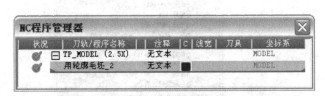

图 23-14　NC 程序管理器

图 23-15　显示毛坯

➡ **创建程序** 单击向导条中的【程序】图标，开始创建程序。设置主选择为"2.5 轴"、子选择为"型腔-环绕切削"，如图 23-16 所示。

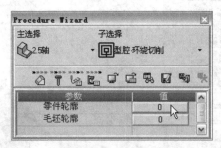

图 23-16 选择工艺

➡ **选择零件轮廓** 单击"零件轮廓"后的数量按钮，进入轮廓选择。首先在轮廓管理器中设定 NC 参数，如图 23-17 所示。再移动光标至凹槽边缘的任意一边，系统将自动串连选中凹槽的周边，如图 23-18 所示。单击鼠标中键完成零件轮廓选择。

图 23-17 零件轮廓参数

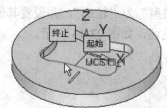

图 23-18 选择零件轮廓

➡ **设置刀路参数** 单击图标，系统将切换到刀路参数对话框。在刀路参数表中从上到下进行各参数组中的参数设置，如图 23-19 所示。

➡ **设置机床参数** 确认刀路参数后单击图标切换到机床参数对话框，按如图 23-20 所示设置机床的主轴转速和进给率等参数。设置主轴转速为 3000、进给（毫米/分钟）为 1500，其余参数采用默认值。

图 23-19 刀路参数

图 23-20 机床参数

提示： 只创建一个刀具时将直接选用。

设置进刀角度为 9，进行螺旋式下刀；

设置 Z 最高点与 Z 最低点；

设置参考 Z 为 Z 最高点，以顶部为基准；

设置下切步距为 2；

侧向步距为直径的 80%；

环切用于粗加工时无需选中"精铣侧向间距"选项；

设置切削方向为"混合铣"，以提高效率；

设置铣削方向为"由内向外"，减少全刀切削路径；

选中"行间铣削"选项，保证不留残余。

➔ **程序生成** 完成参数设置后，单击【保存并计算】图标❤，运算当前加工程序。计算完成后，在绘图区显示生成的刀路轨迹，如图 23-21 所示。

➔ **关闭程序显示** 在程序管理器中选取刚创建的程序，再单击其后的小灯泡图标将其关闭，如图 23-22 所示，则刀路将不再显示，以免干扰后续操作。

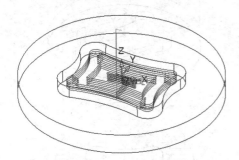

图 23-21　生成刀路轨迹 1

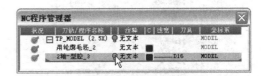

图 23-22　程序管理器

➔ **创建程序** 单击向导条中的【程序】图标❤，系统将弹出"程序向导"对话框，默认选择了前一程序的加工工艺方式、对象、刀具和参数，更改子选择为"型腔–平行切削"，如图 23-23 所示。

➔ **选择零件轮廓** 单击"零件轮廓"后的数量按钮，进入轮廓选择。选择边界上的圆，如图 23-24 所示，完成选择后单击鼠标中键退出。

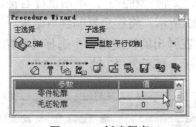

图 23-23　创建程序

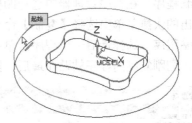

图 23-24　选择零件轮廓

提示： 不要改变轮廓参数，这样可以在刀路参数中进行边界设置。

➔ **设置刀路参数** 单击图标，系统将切换到刀路参数对话框。在刀路参数表中从上到下进行各参数组中的参数设置，如图 23-25 所示。

> 📢**提示**：本程序只做顶面的单层加工，所以有很多参数将不起作用。
> 修改边界设置中的刀具定位为"轮廓上"，轮廓偏移为 0；
> 取消选中"精铣侧向间距"选项，周边轮廓可以加工到位；
> 切削方向使用"双向"方式，可以提高加工效率；
> 铣削角度设置为 0，可以取得相对较长的切削行。
> 本程序采用与前一程序同样的刀具，并使用相同的机床参数。

➔ **保存并计算** 单击【保存并计算】图标，保存程序参数，并运算加工程序。计算完成后，在绘图区显示生成的刀路轨迹，如图 23-26 所示。对于生成的加工程序，可以进行检视和仿真检验。

图 23-25 刀路参数 2

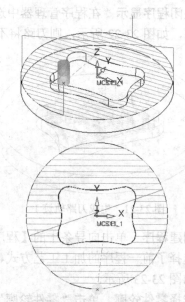

图 23-26 生成刀路轨迹 2

➔ **复制程序** 在程序管理器中选择凹槽粗加工程序"2 轴-型腔_3"，单击鼠标右键，在弹出的快捷菜单中选择【复制】命令，如图 23-27 所示，将程序复制到剪贴板。

➔ **粘贴程序** 选择最后一条程序，单击鼠标右键，在弹出的快捷菜单中选择【粘贴】命令，则刚复制的程序粘贴在最后，如图 23-28 所示，显示为"2 轴-型腔_5"。

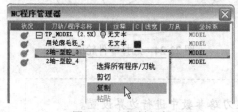

图 23-27 复制程序

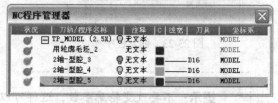

图 23-28 粘贴程序

➔ **编辑程序** 选择程序"2 轴-型腔_5",并在加工程序名称位置双击,系统将进入加工程序编辑,打开加工程序对话框。直接单击【刀路参数】图标 ,系统将弹出刀路参数对话框。在加工程序对话框顶部,改变子选择为"型腔-精铣侧壁"。

➔ **更改刀路参数** 如图 23-29 所示进行刀路参数的设置。

> **提示:** 本程序的默认参数为原程序中设置的参数,需要更改子选择为"型腔-精铣侧壁",但零件、刀具和机床参数均不需修改。
> 刀路参数默认按原刀路参数。修改轮廓进/退刀方式为"相切",设置轮廓偏移为 0、下切步距为 0.3、切削方向为顺铣。

➔ **保存并计算** 完成所有参数修改后,单击【保存并计算】图标 ,运算当前加工程序。系统将按修改后的选项进行运算。

在程序管理器中单击"2 轴-型腔_5"后的小灯泡图标,将其显示出来,如图 23-30 所示。

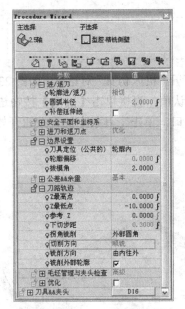

图 23-29　刀路参数 3

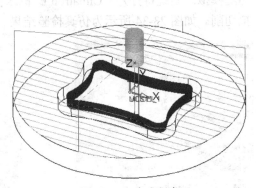

图 23-30　生成程序

➔ **编辑毛坯** 在程序管理器中双击毛坯"用轮廓的毛坯_2",在屏幕上将显示毛坯,并打开"初始毛坯"对话框,修改 Z 最高值为 1,单击【确定】按钮编辑毛坯,如图 23-31 所示。

> **提示:** 顶面需要仿真加工时,需要设置高于顶面的毛坯 Z 最高值。
> 如果是体积铣或者曲面铣,编辑毛坯将需要重新计算程序。

➔ **创建零件** 单击向导条中的【零件】图标 ,默认选择了所有零件曲面创建零件,如图 23-32 所示,直接单击【确定】按钮创建零件。

图 23-31　编辑毛坯

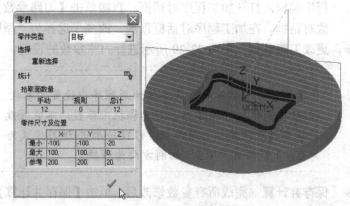

图 23-32　创建零件

➡ **改变顺序**　在程序管理器中选择"目标零件_6"，将其拖动到"轮廓毛坯_2"之后，进行重新排序。

>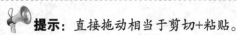
> **提示：** 直接拖动相当于剪切+粘贴。

➡ **仿真模拟**　单击向导条中的【机床仿真】图标，打开"机床仿真"对话框，如图 23-33 所示。选择所有刀轨，对话框中的各选项均可按默认值，直接单击【确定】按钮进行切削模拟。系统将打开"Cimatron E-机床模拟"窗口，单击工具条上的▷按钮开始模拟切削。如图 23-34 所示为仿真检验结果。

图 23-33　机床仿真

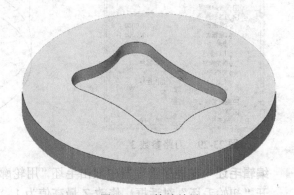

图 23-34　检验结果

>
> **提示：** 显示非单一颜色的面为工件面与加工后的毛坯表面重合。

➡ **后处理**　单击编程向导条中的【后处理】图标，进入后置处理功能，单击双箭头将所有程序加入后处理序列，单击【确定】按钮进行后处理。后处理完成后，系统将产生一个程序文件。

➡ **保存文件**　单击工具栏中的【保存】图标，输入文件名"T23-NC"，保存文件。

复习与练习

完成如图 23-35 所示零件的粗加工与精加工程序创建。

图 23-35　练习题

第 24 讲 平行粗铣

体积铣是最常用的曲面粗加工方式，可以完成复杂曲面零件从毛坯到成品的大量材料切除过程。本讲重点讲解平行粗铣的创建与刀路参数设置。

本例零件要加工一个凹槽，其侧面有不等角度的倾斜，角落为圆角过渡，因而要采用体积铣粗加工方法进行加工，为完成这一程序，必须要创建毛坯，指定零件曲面，设置刀路参数与机床参数。

本讲要点

- 体积铣的特点与应用
- 体积铣的零件选择
- 平行粗铣的刀路参数设置

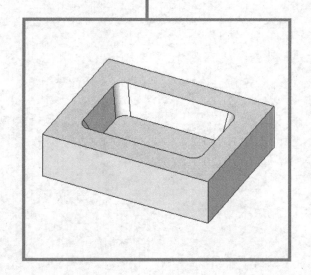

24.1 体积铣简介

1. 体积铣的特点与应用

体积铣是最常用的粗加工方法。它采用层铣加工方式,系统按照零件在不同深度的截面形状,计算各层的刀路轨迹。相对于 2.5 轴加工,体积铣是以曲面在这一高度的截面线作为轮廓线。如图 24-1 所示某零件,其分 4 层切削,如图 24-2 所示,不同层的刀路轨迹示意图如图 24-3 所示。

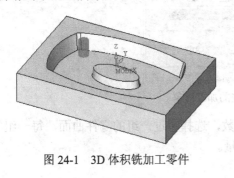

图 24-1　3D 体积铣加工零件

图 24-2　切削层

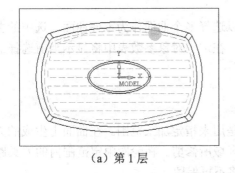

（a）第 1 层　　　　　　　　　　　（b）第 2 层

图 24-3　切削层的刀路轨迹

体积铣在数控加工中应用非常广泛,适用于绝大部分的粗加工,如模具的型腔或型芯以及其他带有复杂曲面的零件的粗加工。另外,通过限定高度值,只作一层加工,体积铣可用于平面的精加工。

2. 体积铣的子类型

创建程序时,设置主选择为"体积铣",子选择可以选择"平行粗铣"、"环绕粗铣"和"传统策略",其中"传统策略"包含 7 种,是沿用 Cimatron it 所使用的加工工艺方法,如图 24-4 所示。

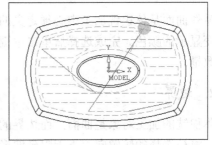

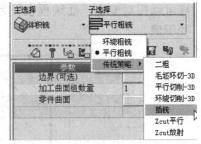

图 24-4　体积铣的子选择

平行粗铣的体积铣生成一组相互平行的切削加工粗加工刀具路径。在粗加工时,平行铣具有最高的效率,一般其切削的步距可以达到刀具直径的 70%～90%。

24.2 体积铣的零件选择

体积铣中的平行粗铣与环行粗铣的零件选择是完全相同的。体积铣的加工对象主要是曲面，同时可以选择轮廓作为限制边界。如图 24-5 所示为体积铣的加工对象定义。

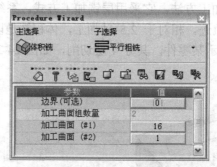

图 24-5 体积铣的加工对象

在 Cimatron E10 中，可以设置零件曲面组数，选择超过一组的零件曲面，每一组零件曲面可以在刀路参数的余量组中设置不同的余量。

1. 零件曲面

零件曲面是体积铣加工中必须定义的，可以选择多个曲面作为零件曲面。选中的曲面将改变显示的颜色。完成选择后单击中键离开，在加工对象参数表中将显示当前选择的曲面总数量。

2. 边界

体积铣的加工对象是曲面，而边界的作用是用来指定加工范围。在曲面上生成的刀具路径，将被选择的轮廓向上下无限延伸形成的区域所修剪。在轮廓限定范围内的刀具路径将被保留，而在轮廓限制范围以外的刀具路径将不再保留。

边界的选择与 2.5 轴加工中选择封闭轮廓是一致的。

对于局部加工的零件，选择全部曲面的方法，再选择一个边界限制其加工范围，这样可以相对安全，而编程也较为方便。如图 24-6 所示为拾取不同的边界创建的刀具路径示例。

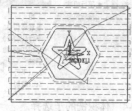
无边界

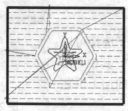
外形为边界

中间轮廓为边界

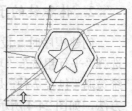
中间轮廓与外形为边界

图 24-6 边界

提示： 体积铣中所选择边界的每一个轮廓必须是封闭的，且选择的各个轮廓之间不允许有交叉，否则将不能生成刀路轨迹。

24.3　平行粗铣的刀路轨迹参数

体积铣的刀路参数中大部分参数组参数与 2.5 轴加工相同或类似，但刀路轨迹参数有较大差异，平行粗铣的刀路轨迹参数如图 24-7 所示。

1．计算

计算包括"优化"、"高精度"和"更快的计算"3 个选项，用于确定计算程序时的优先因素为精度还是速度。

2．切削方向

在平行粗铣中，切削方向共有 5 个选项，如图 24-8 所示。在粗加工时采用"混合铣"方式可以获得相对较高的加工效率，而采用"顺铣"方式，一般来说最终轮廓可以获得相对较好的表面加工质量。建议选择"混合铣+顺铣边"方式。如图 24-9 所示为采用"顺铣"方式和"混合铣+顺铣边"方式生成的刀具路径。

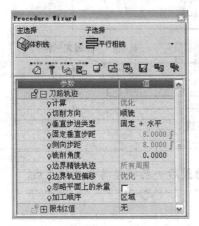

图 24-7　平行粗铣的刀路轨迹参数

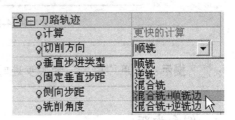

图 24-8　切削方向

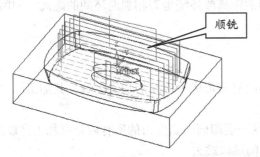

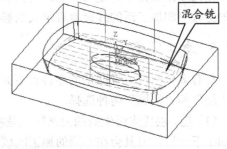

图 24-9　铣削方向示例

3．垂直步进类型

在粗加工环行铣中，垂直步进类型有 3 个选项，分别为"固定"、"可变"和"固定+水平"。

（1）固定。每层的切深为固定值，产生的刀路除最后一层外所有层切深相等。

（2）可变。在指定的最大垂直步进和最小垂直步进范围内以最合适的垂直步进进行分层加工，这种方式特别适合于有台阶的零件加工。

（3）固定+水平。在固定垂直步进加工层以外，在台阶的水平面上生成一个切削层。

如图 24-10 所示，在切削范围中有多个台阶高度，采用"固定"垂直步进时并不考虑这些因素，所以台阶表面上将残留较多的加工余量；使用"可变"垂直步进时，以台阶分界，分别进行切深的分配，保证每一台阶面进行切削加工；而使用"固定+水平"方式，则是在固定的层间增加一个水平面的切削层。

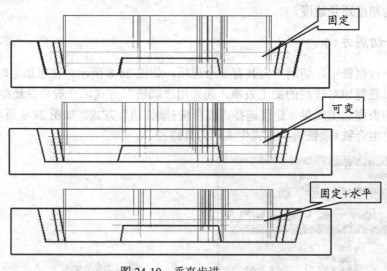

图 24-10　垂直步进

> **提示：** 使用"固定"方式步进时，底部的最后一层将按其余量值生成。

4．侧向步距

侧向步距决定平行走刀相邻两行刀轨间的距离或环绕走刀相邻两环间的距离。刀间距对加工效率和加工后的残余量有很大的影响。

5．加工顺序

对有多个凸台或者凹槽的零件作等高切削时将形成不连续的加工区域，其加工顺序可有"层"和"区域"两种选择。

（1）层。层优先时生成的刀路轨迹是将这一层即同一高度内的所有内外型加工完以后，再加工下一层，刀具会在不同的加工区域之间跳来跳去。

（2）区域。区域优先，先将一个可以连续加工的部分形状加工完成，再跳到其他部分，这样可以减少抬刀，效率较高。

6. 铣削角度

在平行粗铣中，铣削角度决定了刀具的移动方向。铣削角度是以 X 轴的正方向按逆时针方向计算的，在定义时应考虑尽量使抬刀次数最少。

7. 边界精铣轨迹

边界精铣轨迹设置在进行平行加工后环绕轮廓周边切削一圈。在平行粗铣中，该参数是默认打开的，并且其最终轨迹留量可以按"优化"方式，也可以由用户定义边缘偏移值。

8. 忽略平面上的余量

在粗加工时，可以在平面保留一定的余量，并不影响最终完成的工件。

24.4 平行粗铣应用示例

完成如图 24-11 所示零件的加工，要求完成凹槽的粗加工。

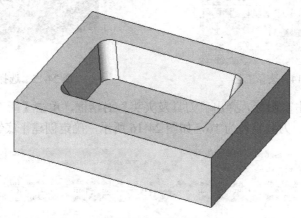

图 24-11 示例零件

➔ **启动 Cimatron E10** 新建编程文件，进入编程工作窗口。

➔ **读取模型** 读取名为"T24.elt"的零件文件，在特征向导栏中单击【确认】按钮将模型放置到当前坐标系的原点。

➔ **新建刀轨** 创建 3 轴加工的刀路轨迹，设置 Z（安全平面）为 50，如图 24-12 所示。

➔ **创建毛坯** 以默认的"限制盒"方式创建毛坯，如图 24-13 所示，确定创建毛坯。

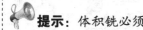**提示：** 体积铣必须要有毛坯。

图 24-12　创建刀具轨迹

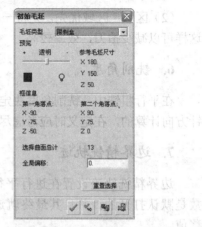

图 24-13　创建毛坯

➡️ **创建程序**　创建程序，并指定主选择为"体积铣"、子选择为"平行粗铣"，如图 24-14 所示。

➡️ **选择零件曲面**　单击"零件曲面"后的数量按钮，进入曲面选择。选择所有面为零件 曲面，如图 24-15 所示，单击鼠标中键确认完成零件曲面的选择。

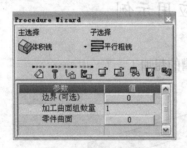

图 24-14　选择工艺

图 24-15　选择零件曲面

➡️ **指定刀具**　单击 🕎 图标，弹出"刀具及夹头"对话框，单击【新刀具】图标，指定刀 具名为"D16"、刀具直径为 16，如图 24-16 所示，确定创建平底铣刀 D16。

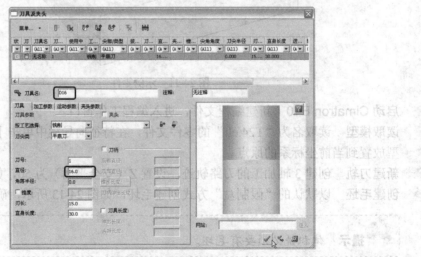

图 24-16　创建刀具

➔ **设置刀路参数** 单击图标，切换到刀路参数对话框，设置"进刀和退刀点"和"刀路轨迹"参数组中的参数，如图 24-17 所示。

➔ **设置机床参数** 确认刀路参数后单击图标切换到机床参数对话框，按如图 24-18 所示设置机床的主轴转速和进给率等参数。

图 24-17 设置刀路参数

图 24-18 机床参数

➔ **程序生成** 单击【保存并计算】图标，运算当前加工程序。计算完成后，在绘图区显示生成的刀路轨迹，如图 24-19 所示。

➔ **保存文件** 单击工具栏中的【保存】图标，输入文件名"T24-NC"，保存文件。

> **提示**：设置进刀角度为 5，进行螺旋下刀；
> 设置切削方向为"混合铣+顺铣"；
> 垂直步进类型为"固定+水平"；
> 设置合理的垂直步进与侧向步距；
> 其余参数按默认值。

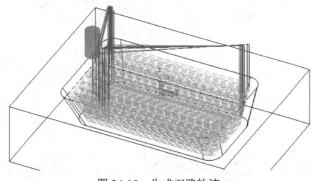

图 24-19 生成刀路轨迹

复习与练习

使用平行粗铣完成如图 24-20 所示零件的粗加工。

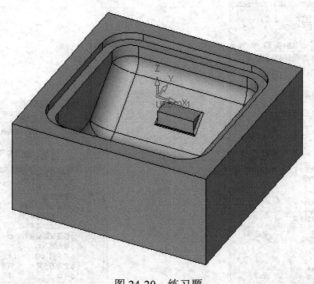

图 24-20　练习题

第 25 讲　环绕粗铣

环绕粗铣产生环绕切削的粗加工刀具路径，逐层进行铣削，可以保持相对均等的切削负荷。本讲重点讲解环绕粗铣的应用与刀路参数设置。

本例零件要加工的槽形状较为复杂，并且有窄槽存在，加工时先进行粗加工，采用环绕粗铣的加工方式；再以较小的刀具进行二次开粗，去除窄槽部分的残余料，加工方式还是环绕粗铣。

本讲要点

📖 环绕粗铣的刀路轨迹参数

📖 环绕粗铣的高速铣参数

📖 体积铣的公共刀路参数

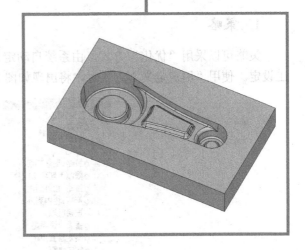

25.1 环绕粗铣的刀路轨迹参数

环绕粗铣产生环绕切削的粗加工刀具路径，逐层进行铣削。使用环绕粗铣可以选择不同的加工策略，生成的刀路轨迹在同一层内可以不抬刀，并且可以将轮廓及岛屿边缘加工到位，是做复杂曲面零件粗加工时的理想选择。如图 25-1 所示为环绕粗铣的示例。

环绕粗铣与平行粗铣的操作步骤是完全相同的，而且加工对象和刀具的选择以及机床参数的设置也都完全相同，其主要差别在于刀路参数的设置中。

如图 25-2 所示为环绕粗铣的刀路参数中的刀路轨迹参数组，其中大部分参数与粗加工平行铣的刀路参数是相同的，以下仅对环绕粗铣特有的参数作介绍。

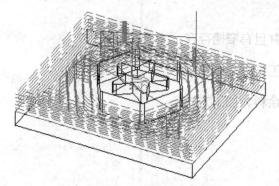

图 25-1 环绕粗铣

图 25-2 环绕粗铣的刀路参数

1. 策略

策略可以采用"优化"方式，由系统自动定义，也可以选择"用户定义"方式进行手工设定。使用"用户定义"方式时，将出现如图 25-3 所示的选项。

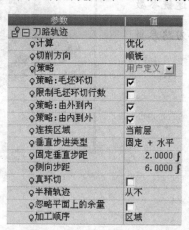

图 25-3 使用"用户定义"策略的刀路轨迹参数

（1）策略：毛坯环切。当选中该选项时，系统将采用毛坯环切的方法加工零件，否则使用环切的方法。如图 25-4 所示为"策略：毛坯环切"打开与关闭时的刀具路径对比。

当使用"策略：毛坯环切"方式时，则显示"限制毛坯环切行数"选项，选中该选项，可以设置"更改加工策略 如果"选项。设置当毛坯环切的行数大于一定值时，则使用环切的方法。

图 25-4　策略：毛坯环切

（2）策略：由外到内。选中该选项，将允许刀具路径由内往外切削。

（3）策略：由内到外。选中该选项，将允许刀具路径由外往内切削。

> **提示**：3 个策略选项至少选择一个，不可能全部关闭。当选中多个策略选项时，系统将自动选择最优化的走刀路径。

2. 连接区域

连接区域指在进行加工时，形成了多个加工区域。选择"当前层"选项，在碰到不同区域时将直接连接而不抬刀；选择"内部安全高度"选项，在碰到不同区域进行区域转换时会提刀到内部安全高度，移动到下一个加工区域下刀切削，如图 25-5 所示为刀路示意图。

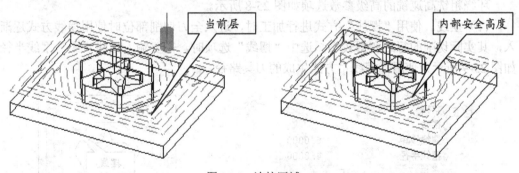

图 25-5　连接区域

> **提示**：使用"用户定义"策略时，如果"由内向外"和"由外向内"策略均关闭，则没有"连接区域"选项。

3. 真环切

"真环切"选项用于确定是否采用螺旋方式。螺旋方式决定了刀具路径中两行之间的连接方式，当关闭真环切选项时，生成的刀具路径在相邻两行间会有连接线；当打开真环切选项时，生成的刀具路径将是螺旋状向外扩展的，因此没有两行间的连接线。如图 25-6 所示为真环切是否打开的对比示意图。

> 📢 **提示**：当存在多个切削区域时，可以分别生成螺旋方式的刀具路径。当螺旋扩展到一定程度后，两行间不再用螺旋方式扩展，以连接线连接两切削行。

4. 半精轨迹

半精加工轨迹用于在精铣轮廓周边之前再增加一行环绕曲面轮廓周边的刀具路径，如图 25-7 所示。打开半精轨迹后将需要输入"为半精轨迹留余量"的值。

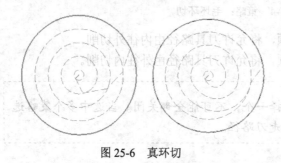

图 25-6　真环切　　　　　　　　　　　　　图 25-7　半精轨迹

25.2　环绕粗铣的高速铣参数

环绕粗铣高速铣的高级参数选项如图 25-8 所示。

（1）摆线。使用"摆线"方式进行加工时，进入全刀切削部位时使用摆线方式逐渐切入，其实际切削的行距变得较小。选中"摆线"选项时，需要输入摆线步距与摆线半径。如图 25-9 所示为使用"摆线"方式生成的刀具路径。

🔲 高速铣	高级
○ 摆线	☑
○ 摆线步距	6.0000
○ 摆线半径	4.8000
○ 多层 Z	☐
○ 快速圆角连接	☐
○ 角部圆角连接	☐

图 25-8　环绕粗铣的高速铣参数　　　　　　图 25-9　摆线加工

（2）多层 Z。该选项可以在粗加工中为保持刀具负荷均匀，而将切削层自动分为几层进行加工，如图 25-10 所示为多层 Z 的刀路轨迹示意图。

（3）角部圆角连接。它可以避免在加工角落部位时产生突变的切削进给方向，而保持刀具运动轨迹的光滑与平稳，避免切削方向的突然变化。使用角部圆角连接时，需要设置进刀半径值。如图 25-11 所示为是否使用角部圆角连接的刀路轨迹对比。

（4）快速圆角连接。快速圆角连接将快速移动的轨迹在转角处理行圆弧过渡，以避免快速移动中的方向突变。

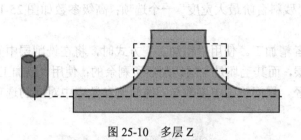

图 25-10　多层 Z

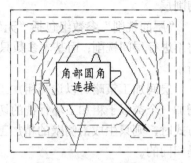

角部圆角连接

图 25-11　角部圆角连接

25.3 · 体积铣的公共刀路参数

1. 进入方式

体积铣的进入方式有 4 个选项。

（1）优化。使用这种方式，系统将自动选择加工时间最短的进刀方式。

（2）用长度。定义一个最大长度范围，用于在该范围内寻找一个空的插入点，当在该范围内没有空插入点时，使用螺旋下刀方式进刀。

（3）不插入。使用该方式时，只能进行水平切入，不允许在材料上方下刀。

（4）钻孔。使用该方式时，刀具类似于钻孔方式直接下刀。这种方式下刀的距离最短。当进刀角度设置为小于 90° 时，可以产生螺旋进刀，并可设置最大螺旋半径与盲区值。

2. 限制 Z 值

体积铣默认的加工高度范围为工件的总高度，即 Z 最高点为工件顶部，而 Z 最低点为工件底部。当工件的切削深度较大或者其他情形需要限制切削深度范围时，可以使用限制 Z 值定义切削深度范围。"限制 Z 值"参数组的选项包括"无"、"仅顶部"、"仅底部"和"顶部和底部"。通过顶部和底部的定义，可以定义 Z 最高点和 Z 最低点。

> 📢 **提示**：当限定的 Z 最高点高于切削零件和毛坯的最高点时，将从毛坯最高点位置开始加工；而限定的 Z 最低点低于毛坯的最低点时，程序将加工到不能去除余量的位置为止。

3. 层间铣削

体积铣如果每层切深过大，在坡度比较小的表面留下的余量比较大；而如果每层切深较小，则加工层数增多，效率降低。层间铣削是在两切削层之间残余比较大的局部区域增加走刀，既可以保持较高的加工效率，同时又能保证残留量较小。如图 25-12 所示的体积铣刀具路径增加了层间铣削，可以看到在主层之外、零件轮廓周边，增加了一些切削层。

"层间铣削"参数组包括"无"、"基本参数"和"高级参数"选项，选择"无"选项，将不进行层间铣削；而基本参数只有"残料台阶最大宽度"一个选项；高级参数如图 25-13 所示。

层间加工策略可以选择粗加工或者精加工。使用"粗加工"方式时，将在铣削层中间增加一个类似于粗加工环行铣的切削层，而其毛坯是主层切削后所剩余的；使用"精加工"方式时，则只生成沿侧壁的精加工路径。层间铣削中参数与刀路轨迹参数表中对应的选项是相同的。

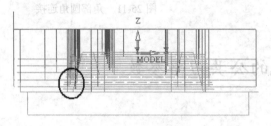

层间铣削	高级
层间加工策略	粗加工
体积铣策略	优化
侧向步距	6.0000
垂直步进类型	固定
最大垂直步进	2.0000
层顺序	由底向上

图 25-12　层间铣削　　　　　　　图 25-13　层间铣削高级参数

25.4　环绕粗铣加工应用示例

完成如图 25-14 所示零件的粗加工和半精加工的刀路轨迹创建。

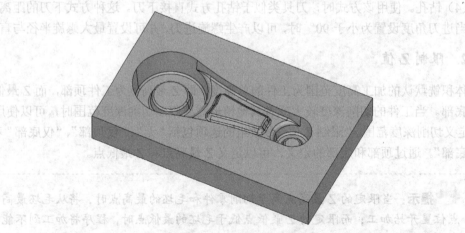

图 25-14　示例零件

➡ **启动 Cimatron E10**　启动 Cimatron E10，新建编程文件。

➡ **调入模型**　调入"T25.elt"的零件文件。

➡ **创建刀具**　新建牛鼻刀 T1-D25R5，直径为 25，刀尖半径为 5；再创建直径为 12、刀尖半径为 3 的牛鼻刀 T2-D12R3，如图 25-15 所示。

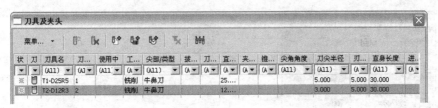

图 25-15　创建刀具

➔ **新建刀轨**　创建 3 轴加工的刀路轨迹。

➔ **创建毛坯**　以"限制盒"方式创建毛坯，显示的毛坯如图 25-16 所示。

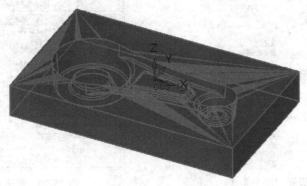

图 25-16　毛坯预览

➔ **创建程序**　单击向导条中的【程序】图标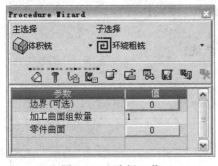，设置主选择为"体积铣"、子选择为"环绕粗铣"，如图 25-17 所示。

➔ **选择零件曲面**　单击"零件曲面"后的数量按钮，进入曲面选择。选择所有曲面为零件曲面，如图 25-18 所示，单击鼠标中键确认完成零件曲面的选择。

图 25-17　选择工艺

图 25-18　选择零件曲面

➔ **选择刀具**　单击🔧图标，双击选择刀具"T1-D25R5"，再关闭"刀具与夹头"对话框。

➔ **设置刀路参数**　单击🔳图标，设置参数，如图 25-19 所示。

➔ **设置机床参数**　单击🔳图标，按如图 25-20 所示设置机床的主轴转速和进给率等参数。

图 25-19　设置刀路参数 1　　　　　　　　图 25-20　机床参数 1

> **提示**：设置进刀角度为 9，以螺旋方式下刀；
> 设置零件曲面加工余量以便作精加工；
> 粗加工时可以设置相对较大的公差值；
> 使用"优化"策略，由系统自动确定切削方式；
> 由于有多个台阶，垂直步进指定为"固定+水平"方式；
> 设置合理的垂直步距与侧向步距；
> 使用"环切"方式进行粗加工，不需要半精轨迹；
> 其余参数按默认值。

> **提示**：指定 V_c 值由系统计算得到主轴转速；
> 选中"自适配进给控制"选项。

➔ **程序生成**　单击【保存并计算】图标，运算当前程序，生成刀路轨迹，如图 25-21 所示。

➔ **创建程序**　单击向导条中的【程序】图标，弹出"程序向导"对话框，设置主选择为"体积铣"、子选择为"环绕粗铣"。

> **提示**：本程序将沿用前一程序的零件与部分刀路参数，但将采用前一程序加工后的残余作为本程序的毛坯，相当于作二次开粗。

➔ **选择刀具**　单击 图标，选择刀具"T2-D12R3"，单击【确定】按钮确认当前刀具。

➔ **设置刀路参数**　单击 图标，设置刀路轨迹参数组中的参数，如图 25-22 所示。

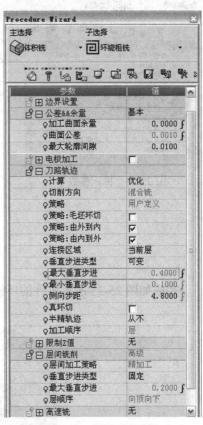

图 25-22　设置刀路参数 2

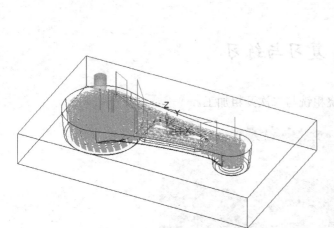

图 25-21　生成刀路轨迹

➔ **设置机床参数**　单击 图标，按如图 25-23 所示设置机床的主轴转速和进给率等参数。

➔ **程序生成**　单击 图标，运算当前加工程序，生成刀路轨迹，如图 25-24 所示。

➔ **检视加工程序**　对于生成的加工程序，从不同角度、不同局部区域检视刀具路径，也可以进行机床仿真进一步确认刀轨。

➔ **保存文件**　输入文件名"T25-NC"，保存文件。

> **提示**：设置零件加工余量为 0，公差值需要较高的精度；
> 设置切削方向为"混合铣"；
> 使用"用户定义"策略，关闭"策略：毛坯环切"选项；
> 垂直步进类型选择"可变"方式；
> 设置合理的垂直步距与侧向步距；
> 使用"环切"方式直接精加工，不需要半精轨迹；
> 加工顺序改为"层"；
> 其余参数按默认值。

图 25-23　机床参数 2

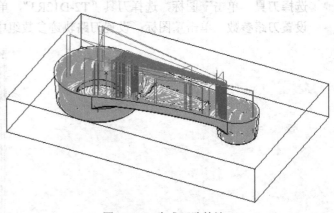

图 25-24　生成刀路轨迹 2

复习与练习

完成如图 25-25 所示零件的环绕粗铣与二次开粗加工。

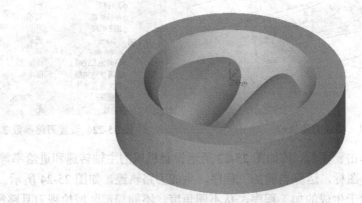

图 25-25　练习题

第 26 讲 精铣所有

体积铣常用于粗加工，而曲面铣则可以完成精加工，它沿零件的表面生成刀路轨迹。精铣所有方式是最常用的曲面铣加工方式，可以完成各种复杂曲面的加工。本讲重点讲解曲面铣加工程序的创建与精铣所有曲面铣的刀路参数设置。

本例要进行零件的曲面精加工，应用精铣所有的方式是最常用的曲面精加工方式。对于零件整体的精加工，采用平行切削的方式以球刀进行加工；再用平底刀进行清角加工，采用层切的切削方式。

本讲要点

  📖 曲面铣的特点与应用

  📖 精铣所有的特点与应用

  📖 精铣所有的刀路参数设置

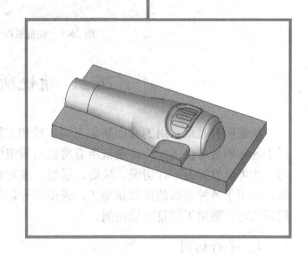

26.1　曲面铣简介

曲面铣削是一种精加工的加工方式，仅在加工零件的表面生成刀具路径。

曲面铣削的子选择如图 26-1 所示。同样包括一组传统策略，是 Cimatron it 继承下来的加工工艺方法。

传统策略中的常用加工方法基本可被曲面铣削新 NC 策略所包容，如 3D 步距、毛坯环切-3D、平行切削-3D、环绕切削-3D 和层切等方式均可以由"精铣所有"来实现；而平坦区域平行铣、平坦区域环切和陡峭区域可以由"根据角度精铣"来实现。

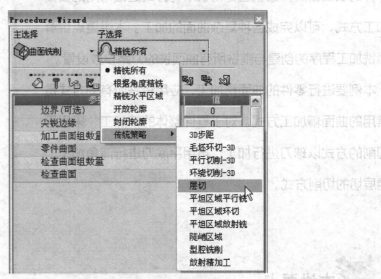

图 26-1　曲面铣削的子选择

26.2　精铣所有简介

精铣所有是最常用的曲面精加工与半精加工程序。通过设置不同的走刀方式，可以适用于各种曲面零件的加工。精铣所有将使用指定的走刀方式加工所选择的全部曲面。其走刀方式可以设置为平行切削、环切、层切、螺旋和 3D 步距 5 种方式，选择不同的走刀方式，可用于各种形状的曲面精加工，采用平行切削和环切时，适用于水平区域加工；而采用层切时，适用于垂直区域切削。

1．平行切削

平行切削生成相互平行的刀具路径，它与体积铣的平行切削方式类似，只是在体积铣中刀具路径是在一层中分布的，而在曲面铣中刀具路径是投影在零件表面上的，如图 26-2 所示为平行切削的刀具路径示例。平行切削加工获得的刀痕一致，整齐美观，适用于大部分比较平缓且过渡平滑的曲面。

2. 环切

"环切"方式生成在轮廓限定范围内以环绕方式进行铣削的曲面精加工刀具路径,如图 26-3 所示。

3. 层切

"层切"方式生成等高加工的刀路轨迹,它与传统加工程序中的根据层方式类似。如图 26-4 所示为使用"层切"方式加工的示例。"层切"方式适用于曲面比较陡峭的零件加工。

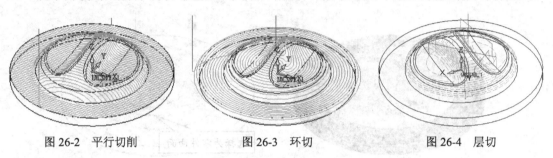

图 26-2　平行切削　　　　　　　图 26-3　环切　　　　　　　图 26-4　层切

4. 螺旋

"螺旋"方式生成螺旋式的类似等高加工的刀路轨迹,如图 26-5 所示。它与层切的区别在于没有层间连接,采用螺旋式下降的方式加工零件表面。

5. 3D 步距

"3D 步距"方式与"环切"方式相似,但生成在曲面的 3D 方向等步距的刀轨,而"环切"方式生成在水平面上等步距的刀轨,如图 26-6 所示。所以曲面的变化斜度较大时,使用"3D 步距"方式可以在零件加工表面获得较好的加工质量。

> 提示:创建曲面铣加工程序之前,必须存在毛坯工序。

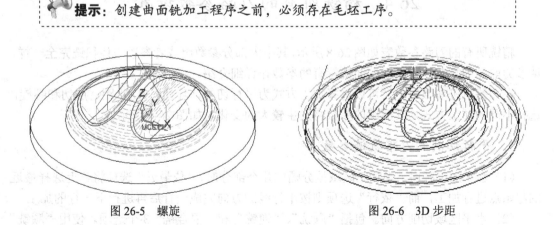

图 26-5　螺旋　　　　　　　　　　　图 26-6　3D 步距

26.3　曲面铣的加工对象

在曲面铣中，除了零件曲面与边界外，还可以选择检查曲面用于设置保护曲面。在加工零件曲面生成刀具路径时，如遇到检查曲面则要避开。检查曲面可用于保护一些本加工程序不加工的零件表面。如图 26-7 所示，将深色顶面曲面作为零件曲面，而浅色曲面分别为选择为/不选择零件曲面、选择为检查曲面时生成的刀路轨迹。

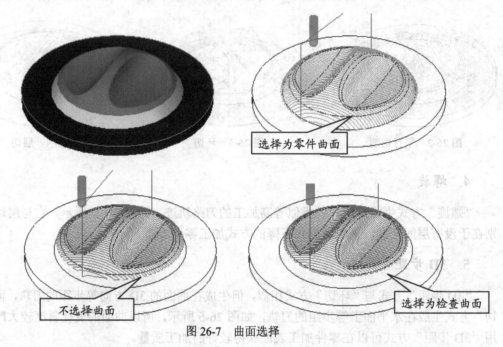

图 26-7　曲面选择

26.4　精铣所有的刀路参数设置

精铣所有的刀路参数表如图 26-8 所示，其中大部分参数组或者参数与体积铣完全一样，请参阅前面的章节。下面对曲面铣特有的参数作详细介绍。

在刀路轨迹参数组中，可以选择加工方式为平行切削、环切、3D 步距、层切和螺旋，选择不同的加工方式，其后续的参数将发生较大的变化，如图 26-9 所示。

1. 平行切削的刀路轨迹参数

（1）水平加工顺序。当加工区域被分隔成几个部分时，"依最近"选项将就近选择最近的起始点进行加工，而"依行"选项则按平行线的方向完成一行后再进行下一行的加工。

（2）水平区域切削方向。包括"顺铣"、"逆铣"和"混合铣"3 个选项。使用"顺铣"或者"逆铣"方式时，产生单向切削的刀路。通常情况下可以使用混合铣方式进行双向切削，以提高效率。

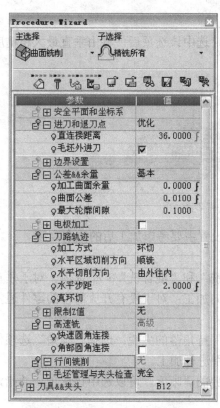

图 26-8　精铣所有的刀路参数表

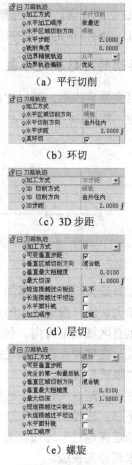

（a）平行切削

（b）环切

（c）3D 步距

（d）层切

（e）螺旋

图 26-9　不同加工方式的刀路轨迹参数

（3）水平步距。用于设置两行间距，其设置需要考虑加工后残余与加工效率的平衡。

（4）铣削角度。设置铣削角度时，需要考虑尽量使切削行相对于各个零件表面的角度基本一致。

（5）边界精铣轨迹。曲面精加工一般情况下不需要进行边界精铣。

2．环切的刀路轨迹参数

（1）水平区域切削方向。只有"顺铣"和"逆铣"两个选项。只能作单向环绕的加工，这里使用顺铣或逆铣并不会产生抬刀。通常情况下都使用"顺铣"方式。

（2）水平步距。指切削行之间的距离。

（3）水平区域刀具方向。可以选择由内向外或者由外向内。

（4）真环切。使用"真环切"方式，刀具路径将呈螺旋形向外扩展，因而没有两切削行间的连接段。

3．3D 步距的刀路轨迹参数

（1）3D 切削方式。包括"顺铣"、"逆铣"和"混合铣"3 个选项。

（2）3D 切削方向。可以选择由内向外或者由外向内。

（3）3D 步距。指定空间的行间距离。

4. 层切的刀路轨迹参数

（1）可变垂直步距。可以生成变量层的刀路，选中该选项后，将由垂直最大粗糙度决定垂直步距，如图 26-10 所示。

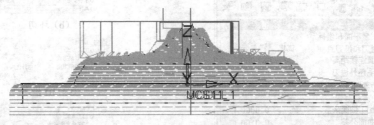

图 26-10 可变垂直步距

（2）垂直最大粗糙度。精加工时的垂直步进设置主要考虑加工后的残余高度。

（3）最大切深。指定最大的层间切深。

（4）垂直区域切削方向。包括"顺铣"、"逆铣"和"混合铣" 3 个选项。对于垂直区域的混合铣，在零件存在开放轮廓时可以进行双向加工；对于没有开放部位的零件通常情况下使用"顺铣"方式。

（5）短连接越过尖锐边。选择"尖角"选项保持角落的尖锐；选择"圆角"选项保持刀具过渡平稳；选择"从不"选项在尖锐边处分别进行加工。

（6）长连接越过平坦边。为保持水平尖锐边界的清晰度，可以选中该选项，并指定长连接移位来避开尖锐边。

（7）水平面补铣。选中该选项，可以在层间的水平面上生成类似于笔式加工的刀轨。

（8）加工顺序。可以选择区域或者层。存在多个加工区域时，一般选择"区域"方式；而对于多个加工区域的一致性要求很高时，使用"层"方式可以保证每一区域的加工质量保持一致。

5. 螺旋的刀路轨迹参数

螺旋方式与层方式的参数基本相同，只是增加了"完全的第一和最后轨迹"选项，可以在第一层与最后一层生成完整的环绕曲面轮廓的刀路。

26.5 精铣所有加工示例

完成如图 26-11 所示型芯零件的精加工与清角加工。

➡ **打开文件** 启动 Cimatron E10，并打开文件"T26-NC.elt"，该文件中已经创建了刀具和毛坯，并且完成了曲面的粗加工程序的创建，如图 26-12 所示。

➡ **关闭程序显示** 在程序管理器中选择程序"R-环绕切削_2"，再单击其后的小灯泡图标将其关闭，则该刀路将不再显示，以免干扰后续操作。

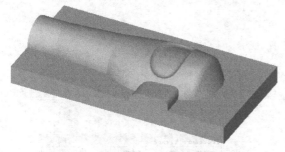

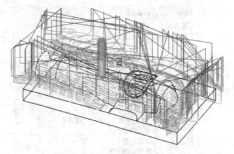

图 26-11　示例零件　　　　　　　　　　　　　　　　图 26-12　打开文件

➔ **创建程序**　单击向导条中的【程序】图标，弹出"程序向导"对话框，设置主选择为"曲面铣削"、子选择为"精铣所有"，如图 26-13 所示。

➔ **选择零件曲面**　单击"零件曲面"后的数量按钮，进入曲面选择。选择所有曲面，单击鼠标中键确认，返回到"程序向导"对话框，在零件曲面数量栏中将显示所选的曲面数量。

➔ **选择边界**　单击"边界"后的数量按钮，进入边界选择。在图形中选择模型的底面，并单击鼠标中键确认完成边界的选择，如图 26-14 所示。

> **提示**：本例选择全部曲面，再使用边界进行限制。

➔ **选择刀具**　单击 🔧 图标，选择刀具"B6"，该刀具是直径为 6 的球刀。

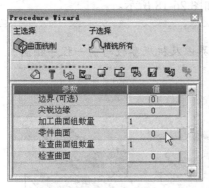

图 26-13　创建程序　　　　　　　　　　　　　　　　图 26-14　选择边界

➔ **设置刀路参数**　单击 图标，进行刀路参数设置，如图 26-15 所示。

➔ **设置机床参数**　单击 图标，按如图 26-16 所示设置机床的主轴转速和进给率等参数。

> **提示**：零件加工余量及精度是粗加工时使用的值，必须更改。
> 加工方式选择"平行切削"，以加工水平区域为主；
> 设置为"混合铣"，双向切削；
> 设置铣削角度为 45；
> 不需边界精铣轨迹；
> 其余参数按默认值。

图 26-15　刀路参数

图 26-16　机床参数

➔ **程序生成**　单击 图标，运算当前加工程序，生成刀路轨迹，如图 26-17 所示。

➔ **关闭程序显示**　在程序管理器中选择程序"F-所有_3"，将其隐藏。

➔ **创建程序**　单击向导条中的【程序】图标 ，弹出"程序向导"对话框，设置主选择为"曲面铣削"、子选择为"精铣所有"，如图 26-18 所示。

> 📢 **提示**：本程序所使用的零件曲面、边界以及机床参数与前一程序相同。

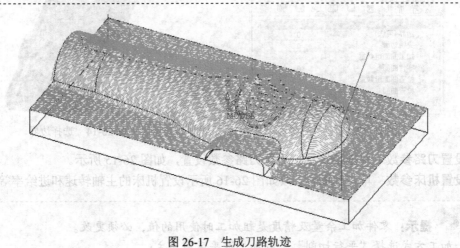

图 26-17　生成刀路轨迹

➔ **选择刀具**　单击 图标，选择刀具"D6"，该刀具的几何类型为"平刀"，直径为 6。

➔ **设置刀路参数**　单击 图标，进行刀路参数设置，如图 26-19 所示。

➔ **程序生成**　单击 图标，运算当前加工程序，生成刀路轨迹，如图 26-20 所示。

➔ **保存文件**　单击工具栏中的【保存】图标 ，以原文件名"T26-NC"保存文件。

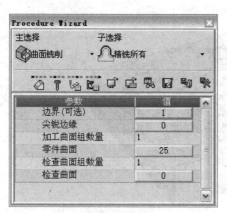

图 26-18　创建程序

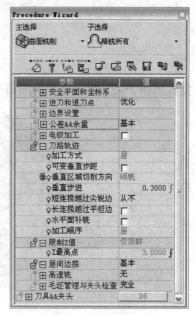

图 26-19　刀路参数

提示：参数将采用前一程序的默认值，大部分不需要更改。

设置加工方式为"层切"，使用顺铣单向切削；

垂直步进应该采用相对较小值；

加工顺序使用"层"方式；

加工时应该限制 Z 值，只加工前面球头刀残余的部分。

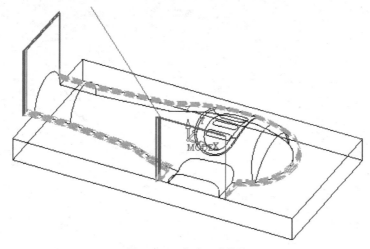

图 26-20　生成刀路轨迹

复习与练习

完成如图 26-21 所示零件的曲面铣精加工程序创建。

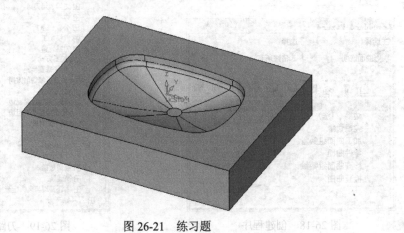

图 26-21　练习题

第 27 讲 根据角度精铣

根据角度精铣将曲面按倾斜程度进行区分，分别创建精加工程序，可以保证各部分均有较高的加工精度与效率。本讲重点讲解根据角度精铣中加工区域的划分与走刀形式的选择。

本例零件加工时可以划分为 3 个区域，顶部为平缓区域，侧壁为陡峭区域，底面为水平面，应用根据角度精铣可以分别加工水平区域与垂直区域，精铣水平区域则用于水平面的加工。

本讲要点

📖 根据角度精铣的特点与应用

📖 精铣水平区域的特点与应用

📖 开放轮廓铣与封闭轮廓铣简介

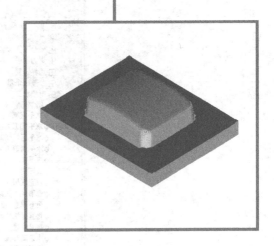

27.1 根据角度精铣简介

曲面铣削中的"根据角度精铣"策略将选择曲面的加工部位进行陡峭程度的检查，区分平坦区域（水平区域）和陡峭区域（垂直区域），并可以分别选择是否加工以及各自使用的走刀方法。根据角度精铣可以加工所有曲面，也可以只加工垂直区域或水平区域。如图 27-1 所示为进行不同区域加工的示例。

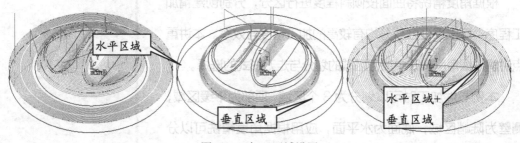

图 27-1 加工区域设置

根据角度精铣的刀路参数表如图 27-2 所示，刀路参数中除了刀路轨迹外，其他所有参数与精铣所有完全一致。

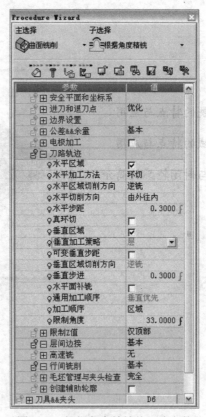

图 27-2 根据角度精铣的刀路参数

1. 水平区域加工

在根据角度精铣中，选中"水平区域"选项，可以选择的水平加工方法包括"环切"、"3D 步距"和"平行切削"。采用不同的加工方式时，刀路轨迹的参数也将发生变化，如图 27-3 所示。各种方式与精铣所有曲面铣是完全一样的。

2. 垂直区域加工

当选中"垂直区域"选项时，将显示"垂直加工策略"选项，选择不同的垂直加工策略，将会有不同的刀路轨迹参数，其参数选项如图 27-4 所示。实际应用以"层"最为常用。

（a）环切

（b）平行切削

（c）3D 步距

图 27-3　水平加工方法及参数

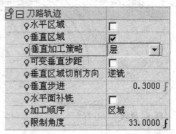

（a）层

（b）螺旋

（c）插铣

图 27-4　垂直加工的刀路参数

3. 加工顺序

在同时选中"水平区域"和"垂直区域"选项时，才会有"加工顺序"选项，可以选择垂直方向优先加工，也可以选择水平方向优先加工。

　提示：水平区域与垂直区域两个选项至少要选择一个，不可能同时关闭。

4. 限制角度

限制角度用于划分水平区域与垂直区域的角度。曲面的倾斜角度若大于限制角度，则将被当成垂直区域；而小于限制角度的，则作为水平区域。作水平区域切削（平行铣、环切、放射铣）时，将只加工所选择的零件曲面的倾斜角度小于限制角度的范围；使用垂直区域加工时，将只加工所选择的零件曲面的倾斜角度大于限制角度的范围。如图 27-5 所示，设置不同的限制角度其加工范围也不相同。

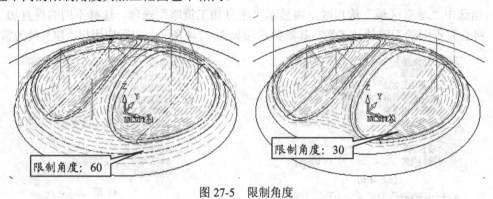

图 27-5　限制角度

> 🔊 **提示：**限制角度只考虑曲面区域与水平面的夹角，与加工方向无关。

27.2　精铣水平区域

精铣水平区域用于精加工水平面，生成的刀具路径只加工在同一水平面的曲面加工区域。曲面精加工时，一般采用球头刀或者环形刀以较小的步距进行加工，而水平面的加工则可以采用平底刀或者环形刀以较大的侧向步距进行加工，如图 27-6 所示。将水平区域单独生成一个加工程序可以有效提高加工效率。精铣水平区域也可以选择采用平行或者环切的走刀方式。

精铣水平区域创建程序的步骤与根据角度精铣完全一致。精铣水平区域的刀路轨迹参数如图 27-7 所示，可以看到，其与根据角度精铣中没有垂直方向切削时的选项基本相同。

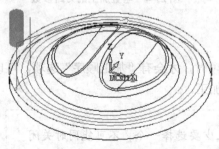

图 27-6　精铣水平区域

图 27-7　刀路轨迹参数组

> **提示：** 精铣水平区域时一般应限制 Z 顶部和 Z 底部位置，以免在一些极小的平面上生成刀具路径。

27.3 开放轮廓铣与封闭轮廓铣

曲面铣削的子选择包括"开放轮廓"与"封闭轮廓"两种轮廓铣策略，与 2.5 轴加工中的轮廓铣相似，不过在 2.5 轴加工中，加工刀具路径是在同一水平面的，而曲面铣削中的开放轮廓铣与封闭轮廓铣则是将曲线投影到曲面上生成刀具路径。由于开放轮廓铣和封闭轮廓铣直接沿曲线进行插补，所以路径长度最短。同时，类似于标记的形状作完整准确的造型较为繁杂，而通过造型好的模型使用其他方法加工又极为不便。使用开放轮廓铣和封闭轮廓铣加工方式，在曲面上进行雕刻加工时，无需作完整的造型，只需指定其轮廓线，并可以通过指定 Z 的高度来进行多层加工设定。

1. 开放轮廓铣

开放轮廓铣是将开放的轮廓线投影到曲面，在曲面上生成刀具路径的加工方法，它由加工曲面和开放的轮廓线来限制，如图 27-8 所示。

2. 封闭轮廓铣

封闭轮廓铣是将封闭的轮廓线投影到曲面，在曲面生成刀具路径的加工方法，它由加工曲面和封闭的轮廓线来限制，如图 27-9 所示。

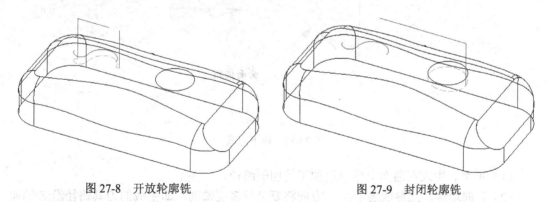

图 27-8 开放轮廓铣   图 27-9 封闭轮廓铣

开放轮廓铣创建的过程与曲面铣削的精铣所有类似，通过选择零件、选择刀具、设置刀路参数与机床参数，最后计算生成刀路。这里需要注意的是，在零件选择时，轮廓是必须选择的，它是加工的对象。

在轮廓铣的刀路参数中，各个参数与曲面铣以及 2.5 轴加工中的轮廓铣的刀路参数对应相似。如图 27-10 和图 27-11 所示为开放轮廓铣的刀路参数和刀路轨迹参数。

图 27-10　轮廓铣的刀路参数

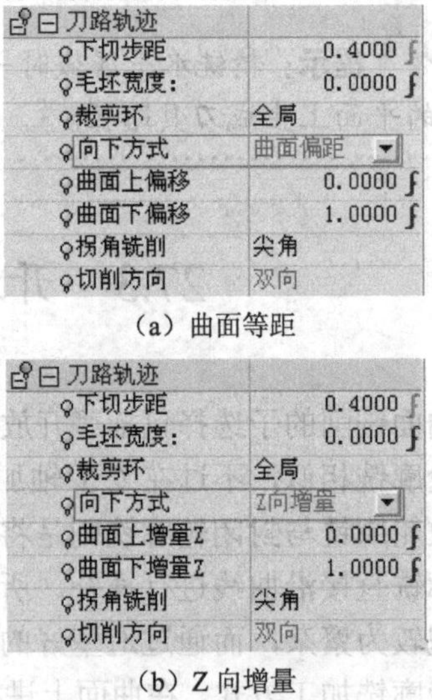

（a）曲面等距

（b）Z 向增量

图 27-11　刀路轨迹参数

　　开放轮廓铣与封闭轮廓铣加工时，考虑到一刀切削的刀具负荷较大，或者是出于形状要求，需要进行多刀加工时，可以指定多层加工。向下方式有 3 个选项："单个"、"Z 向增量"和"曲面偏距"。如图 27-12 所示为多层加工 Z 向增量与曲面偏距的示意图。

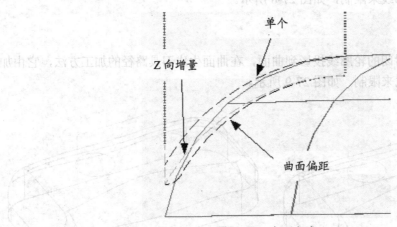

图 27-12　向下方式

　　（1）单个。生成在曲面上作单层加工的切削路径。

　　（2）Z 向增量。此参数表示在 Z 方向将要进行多层铣削，即生成的刀具路径沿 Z 轴向上或向下平移复制产生多层切削，其每一层的切削路径是一样的。选择该选项后，将有 3 个参数：曲面上增量 Z、曲面下增量 Z 和下切步距。

　　（3）曲面偏距。此参数表示在 Z 方向将要进行多层铣削，同增量 Z 值一样需要设定 3 个参数：曲面上切削余量、曲面下切削余量和下切步距。

　　Z 向增量与曲面偏距的最后加工结果稍有不同，就像造型中的平移同偏置的区别。

27.4 根据角度精铣应用示例

完成如图 27-13 所示型芯零件的顶面、侧面积水平面的精加工。

➔ **打开文件** 启动 Cimatron E10，并打开文件 "T27.elt"，再输出至加工。

➔ **创建刀具** 新建直径为 12 的平底刀 "D12"；再创建刀具直径为 10 的球刀 "B10"，如图 27-14 所示。

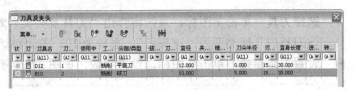

图 27-13 示例零件   图 27-14 创建刀具

➔ **新建刀轨** 创建 3 轴加工的刀路轨迹。

➔ **创建毛坯** 单击向导条中的【毛坯】图标，进入创建毛坯功能。选择 "毛坯类型" 为 "曲面"，指定曲面偏移为 3，确定创建毛坯，如图 27-15 所示。显示的毛坯如图 27-16 所示。

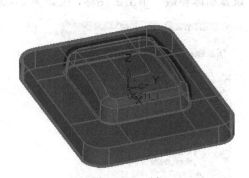

图 27-15 创建毛坯   图 27-16 毛坯

➔ **创建程序** 创建程序，设置主选择为 "曲面铣削"、子选择为 "根据角度精铣"，如图 27-17 所示。

➔ **选择零件曲面** 单击 "零件曲面" 后的数量按钮，进入曲面选择。选择在 XOY 基准面上的成型面，如图 27-18 所示，单击鼠标中键确定。本例不选择边界与检查曲面。

> **提示**：调整视角方向再使用窗选的方法可以快速按高度选择曲面。本例不使用全部曲面，否则将需要限制 Z 值。

图 27-17 创建程序

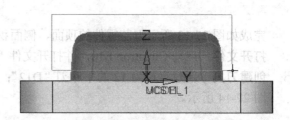

图 27-18 选择零件曲面

➔ **选择刀具** 单击  图标，系统将弹出"刀具及夹头"对话框，双击选择刀具"B10"，该刀具的几何类型为"球头刀"，直径为 10，关闭对话框。

➔ **设置刀路参数** 单击 图标，设置参数，如图 27-19 所示。

> **提示**：零件加工余量为 0；
> 设置水平区域打开，垂直区域关闭，只加工水平区域；
> 水平区域的加工方法选择"环切"；
> 方向为"顺铣"，选择由内向外切削；
> 打开真环切选项；
> 限制角度设置为 40。

➔ **设置机床参数** 单击 图标，按如图 27-20 所示设置机床的主轴转速和进给率等参数。

图 27-19 刀路参数

图 27-20 机床参数

➡️ **程序生成**　单击【保存并计算】图标🐾，运算当前程序，生成刀路轨迹，如图 27-21 所示。

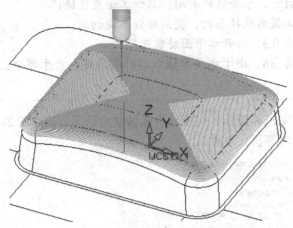

图 27-21　生成刀路轨迹

➡️ **创建程序**　单击向导条中的【程序】图标✏️，弹出"程序向导"对话框，选择"主选择"为"曲面铣"、"子选择"为"根据角度精铣"。

➡️ **选择零件曲面**　选择所有曲面为零件曲面。

📢 **提示**：本例加工侧面时必须要选择平面，否则将切穿分型面。

➡️ **选择边界**　单击"边界"后的数量按钮，进入边界选择。选择模型的底面边界，如图 27-22 所示。返回到程序对话框，边界数量显示为 1。

图 27-22　选择边界

📢 **提示**：如果不选择边界，在分型面以下同样生成刀路。如果不选择分型面以下的曲面，则可以不设置边界，但选择相对较麻烦。

➡️ **选择刀具**　单击🔧图标，系统将弹出"刀具及夹头"对话框，双击选择刀具"D12"，该刀具的几何类型为"平底刀"，直径为 12。

➡️ **设置刀路参数**　单击📋图标，在刀路参数表中设置参数，如图 27-23 所示。

> 🔊 **提示：** 参数将按前一程序的默认值，大部分不需要更改。
> 设置垂直区域打开，水平区域关闭，只加工垂直区域；
> 垂直区域的加工策略选择层切，使用顺铣单向切削；
> 垂直步进设置为0.3，打开水平面补铣选项；
> 限制角度设置为38，小于水平区域加工时的角度，产生部分重叠，保证连接
> 到位。

➔ **设置机床参数**　单击🖳图标，切换到机床参数对话框，按如图27-24所示设置机床的主轴转速和进给率等机床参数。

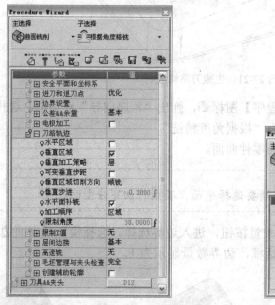

图 27-23　刀路参数

图 27-24　机床参数

➔ **程序生成**　单击【保存并计算】图标🥁，运算当前程序，生成刀路轨迹，如图27-25所示。

➔ **创建程序**　单击向导条中的【程序】图标🍳，弹出"程序向导"对话框，设置子选择为"精铣水平区域"，如图27-26所示。

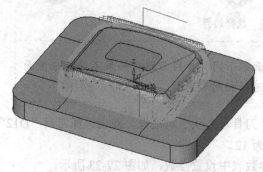

图 27-25　生成刀路轨迹

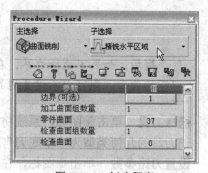

图 27-26　创建程序

提示：本加工程序所使用的零件曲面、边界、刀具与机床参数与前一程序完全相同。

➔ **设置刀路参数** 单击 图标，系统将切换到刀路参数对话框。在刀路参数表中设置刀路轨迹参数，如图 27-27 所示。

提示：参数将按前一程序的默认值，大部分参数不需要更改。
设置水平区域加工方式为"平行切削"；
使用混合铣方式双向走刀；
水平步距设置为6；
铣削角度设置为0；
不进行边界精铣。

➔ **程序生成** 完成参数设置后，单击【保存并计算】图标 ，运算当前加工程序。计算完成后，在绘图区显示生成的刀路轨迹，如图 27-28 所示。

图 27-27 刀路参数

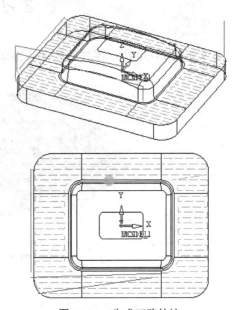

图 27-28 生成刀路轨迹

➔ **仿真模拟** 单击向导条中的【机床仿真】图标 ，打开"机床仿真"对话框，选择所有刀轨，窗口内的各选项均可按默认值，直接单击【确定】按钮进行切削模拟。系统将打开"Cimatron E-机床模拟"窗口，在工具条中单击 按钮开始模拟切削，如图 27-29所示为仿真检验结果。

➔ **保存文件** 单击工具栏中的【保存】图标 ，以文件名"T27-NC"保存文件。

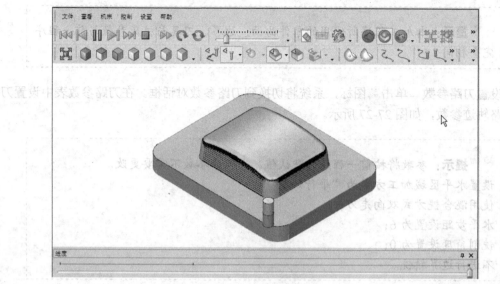

图 27-29　机床仿真

复习与练习

完成如图 27-30 所示零件的顶面、侧面与水平面的精加工操作创建。

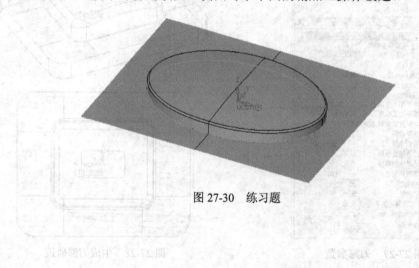

图 27-30　练习题

第28讲 流线铣

流线铣是按曲面的流线来生成刀路轨迹。3 轴零件曲面流线铣按曲面的流线方向创建刀路；3 轴直纹面流线铣按选择的两条轮廓组成一个虚拟的直纹曲面创建刀路；3 轴瞄准曲面流线铣则将指定的曲面上生成的流线投影到加工面生成刀轨。流线铣有着不同的零件选择方式。

本例零件要加工 3 个表面，左侧表面由 3 个相邻的曲面所组成，采用 3 轴零件曲面铣进行加工，生成的轨迹沿曲面流线方向，不抬刀；右侧曲面上有孔，采用 3 轴直纹曲面流线铣进行加工，可以无视孔的存在生成连续的刀路轨迹；顶部的 S 形标记采用 3 轴瞄准曲面流线铣进行加工，可以生成沿曲线法向的刀路轨迹。

本讲要点

📖 零件曲面流线铣

📖 直纹曲面流线铣

📖 瞄准曲面流线铣

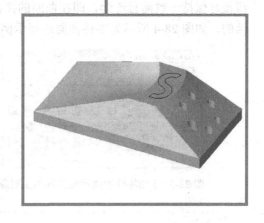

28.1 零件曲面流线铣

创建 3 轴刀路轨迹时，指定主选择为"流线铣"，可以选择的子选择包括"瞄准曲面 3x"、"零件曲面 3x"、"直纹面 3x"和"局部 3x"，如图 28-1 所示，后面的"3x"表示 3 轴。局部 3x 是一种按 5 轴方式编程的工艺方式。

零件曲面流线铣是在零件曲面上生成按曲面流线方向的刀具路径，其特点是按曲面的流线方向切削一个或者一组连续曲面。

3 轴零件曲面流线铣主要用于单个面或相毗连的几个曲面的加工，如波纹面等。通过流线铣得到的结果，其行间进刀量是指定义刀具路径的相邻两条曲面流线的间距，使用这种方法可以得到较为光顺的加工结果。如图 28-2 所示，某零件顶面，该曲面的边界是弯曲的，做表面精加工时选择 3 轴零件曲面流线铣就非常适合。

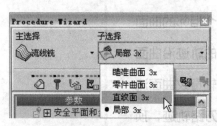

图 28-1 流线铣的子选择

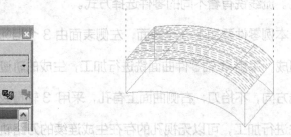

图 28-2 3 轴零件曲面流线铣示例

28.1.1 零件曲面流线铣的加工对象选择

3 轴零件曲面流线铣的加工对象包括零件曲面与检查曲面，如图 28-3 所示。

3 轴零件曲面流线铣的零件曲面选择与其他加工刀轨形式不同，它不能使用全选或者窗选方式，只能逐个选择，而且选择的后一个曲面应该与前一个曲面相毗连，其曲面的参数线最好保持一致而且连续，即在曲面的接合处是完全吻合的，以保证产生的刀具轨迹是连续的，如图 28-4 所示为零件曲面选择示例。

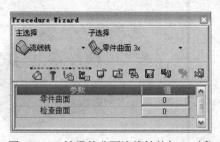

图 28-3 3 轴零件曲面流线铣的加工对象

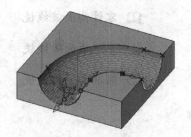

图 28-4 零件曲面选择

> 提示：3 轴零件曲面流线铣的零件曲面的修改，只能全部重新选择，不能进行增加或排除。

提示：3 轴零件曲面的流线铣没有边界的定义，需要注意检查曲面的选取，特别是在加工曲面的周边相邻的曲面时，应注意安全，以免发生过切。

28.1.2　零件曲面流线铣的刀路参数设置

3 轴零件曲面流线铣的刀路参数表如图 28-5 所示，除公共的参数组外，主要的参数集中在刀路轨迹参数组，下面对主要参数作简要说明。

1．步进方式

流线铣的步进方式有 3 个选项可以选择，选择不同步进方式时需要设置的参数也有所不同。

（1）根据残留高度。指定加工后的残余部分材料离加工曲面的最大距离。使用该方式确定步进时，需要输入残留高度值和最小 3D 侧向步长。

（2）根据行数。直接指定行数，在切削区域范围内进行平分。

（3）根据最大 3D 侧向步距。指定所生成刀轨的两行之间的 3D 距离，即切削行宽度，这是最直观的定义方法。

提示：使用行数或者最大 3D 侧向步距方式进行步进定义时，改变切削方向将对其刀具路径总长度以及加工质量产生很大的影响。

2．曲面加工

选择了多个相连的曲面时，曲面加工可以选择"串"或"一个接一个"选项。选择"串"选项时，按曲面串连加工，将所有曲面看成一个整体，将各个曲面的参数线连接起来进行加工；选择"一个接一个"选项时，按次序逐个曲面进行加工。

3．加工对象定义

进行 3 轴零件曲面流线铣时，在选择的图形上将显示多个箭头，通过调整刀轨参数可以变换箭头方向和位置，如图 28-6 所示。

（1）铣削位置。重新定义曲面的铣削加工方向，单击【反向】按钮将对切削侧边作变更。

（2）加工方向。单击【反向】按钮将改变切削方向，在参数线的 U 方向与 V 方向间进行切换，在图形上的双向箭头将改变方向。

（3）重新定义起始角。单击【选择】按钮，选择新的切削起始角。

（4）临界铣削宽度。可以通过指定一个曲面上的两个宽度点来限定曲面的铣削宽度。

（5）临界铣削长度。可以通过指定一个开始点和一个终止点来限定曲面的铣削长度，铣削长度的开始点和结束点应定义在切削方向上。沿面切削是没有限制轮廓线选择的，但可以通过指定点来限制其切削宽度和长度。

（6）重置铣削宽度（长度）。恢复到切削完整曲面的宽度（长度）。

图 28-5 刀路参数

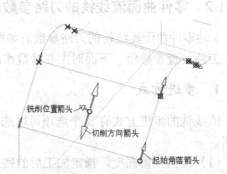

图 28-6 流线铣的箭头

28.2 直纹面流线铣

直纹面流线铣是在空间上生成由两轮廓线构成的一个虚拟的直纹曲面上的刀具路径。创建 3 轴直纹面流线铣的步骤为：选择零件轮廓类型，再选择顶部轮廓与底部轮廓，然后设置刀路参数，选择刀具并设置机床参数，最后计算生成刀路。

在 3 轴直纹面流线铣加工中，加工对象的选择与其他曲面加工的程序不同，它没有零件曲面的选择。选择的对象是轮廓，通过轮廓生成直纹曲面作为零件曲面，如图 28-7 所示。需要指定轮廓类型为"开放"或者是"封闭"的，并选择顶部轮廓与底部轮廓，同时可以对顶部和底部选择限制位置。

> 提示：选择的顶部轮廓与底部轮廓必须要对应，即两条轮廓线的曲线必须数目一致、方向一致、起始点一致，否则将不能生成正确的刀具轨迹。

直纹面流线铣的刀路参数表如图 28-8 所示，各参数组均与零件曲面流线铣基本相同。刀路轨迹参数组中的参数很少，步进定义方式只有"根据残留高度"和"根据行数"两个选项。

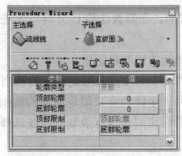

图 28-7 直纹面流线铣的零件

图 28-8 直纹面的刀路参数

28.3 瞄准曲面流线铣

瞄准曲面流线铣是在零件曲面上生成由瞄准曲面投影下来的刀具路径。瞄准曲面可以是曲面，也可以是两轮廓线或者轮廓线与点生成的虚拟直纹曲面。3 轴瞄准曲面加工产生的刀具轨迹按轮廓线对应的法线方向，保证各个区域的步距是相近的，残余量较一致。

3 轴瞄准曲面流线铣的加工对象除了零件曲面和检查曲面以外，还必须指定目标曲面，这是 3 轴瞄准曲面流线铣特有的加工对象选项。

目标曲面的定义方式有曲面、两条轮廓、轮廓和点 3 种，如图 28-9 所示。

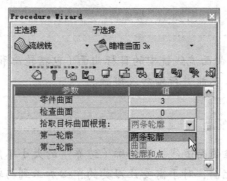

图 28-9 瞄准曲面流线铣的目标曲面定义方式

1. 曲面

使用曲面定义目标曲面时，曲面的参数线决定刀具路径，将目标曲面的参数线按 Z 轴方向投影到加工曲面上，在加工曲面上生成刀具路径。

 提示：已经被选择为加工曲面或者检查曲面的曲面不能当成目标曲面。

2. 两条轮廓

3 轴瞄准曲面流线铣使用两条轮廓定义目标曲面时，相当于通过两个轮廓建立一个假想的直纹曲面，然后按该直纹曲面的参数线决定刀具路径。轮廓不但可以决定刀具路径的走向，而且会限定要加工的范围。如图 28-10 所示为选择两条轮廓定义目标曲面的 3 轴瞄准曲面流线铣。

图 28-10 两条轮廓定义目标曲面

3. 轮廓和点

使用轮廓和点定义目标曲面时，先建立假想的直纹曲面，然后将该曲面当作目标曲面，以其参数线方向来定义刀具路径和加工范围。如图 28-11 所示为使用轮廓和点定义目标曲面的加工示例。

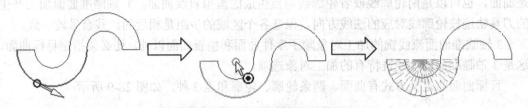

图 28-11　轮廓和点定义目标曲面

> **提示**：3 轴瞄准曲面流线铣中的目标曲面（包括轮廓和点）如果需要修改，只能全部重新选择，不能进行增加或排除。

> **提示**：3 轴瞄准曲面流线铣中轮廓（边界）的大小不能设置偏移，同时刀具位置只能在轮廓上面，对于需要让刀具的中心加工到与轮廓线一定距离的对象，必须先创建所需位置的轮廓线。

瞄准曲面流线铣的各组刀路参数与零件曲面流线铣基本相同，主要设置步进方式与加工对象定义。

28.4　流线铣应用示例

完成如图 28-12 所示零件的两倾斜侧面与顶面的精加工。

➔ **打开文件**　启动 Cimatron E10 并打开文件 "NC28.elt"，该文件已经完成了粗加工程序的创建，并且已创建好要用到的所有刀具。

➔ **创建程序**　单击向导条中的【程序】图标 ，弹出 "程序向导" 对话框，设置主选择为 "流线铣"、子选择为 "零件曲面 3x"，如图 28-13 所示。

图 28-12　示例零件

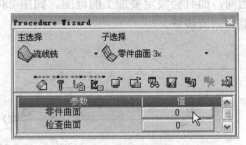

图 28-13　创建程序

➜ **选择零件曲面** 进入曲面选择，依次选择左侧的曲面，如图 28-14 所示。单击鼠标中键确认，返回到"程序向导"对话框，在图形上将显示多个箭头，在零件曲面数量栏中将显示所选的曲面数量。

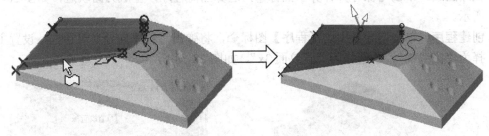

图 28-14 选择零件曲面

➜ **选择刀具** 单击 🔧 图标，双击选择直径为 10 的球刀"B10"。

➜ **设置刀路参数** 单击 🔳 图标，设置刀路参数，如图 28-15 所示。

➜ **设置机床参数** 单击 🔳 图标，设置机床参数，如图 28-16 所示。

> 📢 **提示**：步进方式选择"根据最大 3D 侧向步距"，指定最大 3D 侧向步距为 0.4；
>
> 切削方向设置为"双向"，往复切削无需抬刀；
>
> 曲面加工方式设置为"串"，可以连续加工；
>
> 通过图形上的箭头确认铣削位置、加工方向和起始角。

图 28-15 刀路参数

图 28-16 机床参数

提示：将向下进给速率设置为 "100%"，以一致的速度进行切削。

→ **程序生成**　单击【保存并计算】图标🐷，运算当前程序，生成刀路轨迹，如图 28-17 所示。

→ **创建程序**　单击向导条中的【程序】图标✍，将弹出 "程序向导" 对话框，设置主选择为 "流线铣"、子选择为 "直纹面 3x"，如图 28-18 所示。

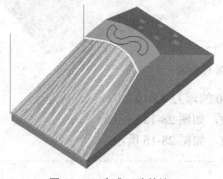

图 28-17　生成刀路轨迹

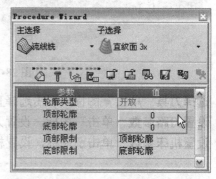

图 28-18　创建程序

提示：本程序中的刀具、机床参数与前一程序相同，可以直接使用。

→ **选择轮廓**　在 "程序向导" 对话框中确定轮廓类型为 "开放"。单击 "顶部轮廓" 数量按钮，进入轮廓选择，选取右侧面的上边界线，单击鼠标中键返回。单击 "底部轮廓" 后的数量按钮，进入轮廓选择，选取右侧面的直边界，单击鼠标中键返回。在图形上将显示几个箭头，如图 28-19 所示。

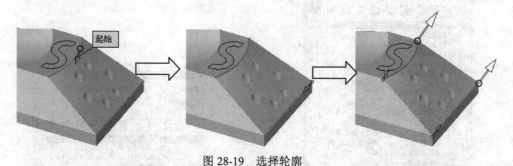

图 28-19　选择轮廓

→ **设置刀路参数**　单击🔲图标，设置刀路参数，如图 28-20 所示。

→ **程序生成**　单击【保存并计算】图标🐷，运算当前程序，生成刀路轨迹，如图 28-21 所示。

提示：步进方式选择 "根据残留高度"，保证最后的加工质量；其余各参数组的参数选项均按前一程序设置的默认值。

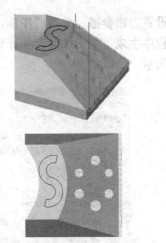

图 28-20　刀路参数　　　　　　　　　　图 28-21　生成刀路轨迹

→ **创建程序**　单击向导条中的【程序】图标，设置主选择为"流线铣"、子选择为"瞄准曲面 3x"，如图 28-22 所示。

→ **选择零件曲面**　选择顶部曲面为零件曲面，如图 28-23 所示。

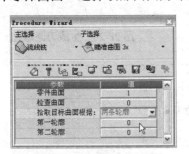

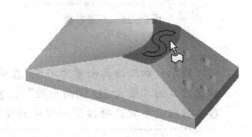

图 28-22　创建程序　　　　　　　　　　图 28-23　选择零件曲面

→ **选择目标曲面**　在"程序向导"对话框中设置"拾取目标曲面根据"选项为"两条轮廓"；单击第一轮廓的数量按钮，进入轮廓选择，选择一条圆弧为起始线，再选择相连的圆弧为终止线，单击鼠标中键确定第一轮廓并返回；单击第二轮廓的数量按钮，进入轮廓选择，选取另一对应的两条圆弧，单击鼠标中键返回，完成目标曲面指定。在图形上将显示几个箭头，如图 28-24 所示。

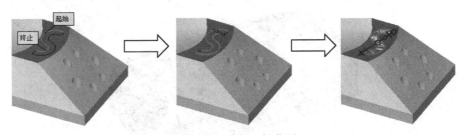

图 28-24　选择目标曲面

 提示：选择轮廓时，必须保证其起始位置对齐，方向一致。

➔ **设置刀路参数** 单击█图标，设置刀路参数，如图 28-25 所示。

➔ **程序生成** 单击【保存并计算】图标█，运算当前程序，生成刀路轨迹，如图 28-26 所示。

图 28-25 刀路参数

图 28-26 生成刀路轨迹

> **提示：** 加工曲面余量为-0.5，在曲面下凹；
> 步进方式为 "最大 2D 侧向步距"，步距值为 0.4；
> 各参数组的参数选项按前一程序的设置值。

➔ **保存文件** 单击工具栏中的【保存】图标█，以原文件名保存文件。

复习与练习

完成如图 28-27 所示零件的精加工。

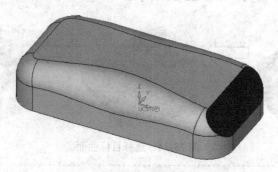

图 28-27 练习题

第 *29* 讲 清角

清角加工沿着零件曲面的凹角和凹谷生成刀路轨迹，用于在前面加工中使用了较大直径的刀具而在凹角处留下较多残料的补充加工。清角加工可分为笔式铣与清根铣，笔式铣生成沿角落的单刀路加工，而清根铣则生成去除所有残余材料的刀路轨迹。

本例零件已经完成了主体部分的粗加工和精加工，接下来将对前面加工程序残留的角落部位进行清角加工。首先进行顶部圆形凹槽的单刀清角加工，采用笔式铣方式进行沿凹进行加工；再进行下方圆角部分的清角加工，采用参考前一刀具的清根铣进行加工。

本讲要点

- 📖 清角加工简介
- 📖 清根铣的刀路参数设置
- 📖 笔式铣程序的创建
- 📖 转换程序

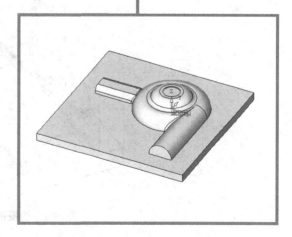

29.1　清角加工简介

　　清角加工也称为局部精细加工，将沿着零件曲面的凹角和凹谷生成刀路轨迹，常用于在前面加工中使用了较大直径的刀具而在凹角处留下较多残料的补充加工。

　　在 Cimatron E10 中，在"程序向导"对话框中选择"主选择"为"清角"时，其子选择包括"清根"、"笔式"和"传统策略"，如图 29-1 所示。

图 29-1　清角子选择

29.2　清　　根

　　清根铣生成用于清除前一刀具路径所残留材料的刀具路径。清根铣集成了局部精细加工传统加工程序中的大部分选项，通过刀路参数的相应设置可以区分加工区域范围和走刀方式。如图 29-2 所示为清根铣的刀路示例。

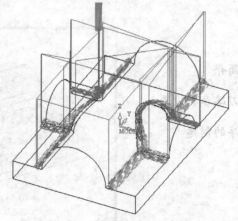

图 29-2　清根铣刀路示例

29.2.1　清根铣加工程序的创建

　　清根铣加工程序的创建过程和体积铣或曲面铣加工程序的创建过程相同，即按选择工艺→选择加工对象→选择刀具→设置刀路参数→设置机床参数→保存并运算的过程进行。

1．加工零件选择

清根铣加工零件的选择与曲面铣相同，可以选择零件曲面、检查曲面与边界，并且零件曲面与检查曲面都可以多组，设置不同的加工余量值。其中零件曲面必须选择，而检查曲面与边界则是可选的。

2．刀具选择

创建清根铣加工程序，选择的刀具应该符合以下条件。

（1）可以使用环形刀、平底刀和球头刀，但不支持使用带有锥度的刀具。同时，前一把刀也不能使用带有锥度的刀具。

（2）选择的当前刀具的直径不能大于前一把刀具的直径。

（3）使用的当前刀具与前一刀具应该有一致的端部平面长度。如果前一把刀使用球头刀，则当前刀具也应该使用球头刀；而如果前一把刀使用环形刀，则当前刀具可以使用直径为前一刀具直径减去 2 倍拐角半径值的平底刀或环形刀。

29.2.2　清根铣的刀路参数

清根铣的大部分参数组与曲面铣的对应参数组相同，只是刀路轨迹参数组有所差别，如图 29-3 所示。下面对主要的参数作简要介绍。

1．铣削方向

铣削方向可以设置加工方向为顺铣、逆铣或者混合铣。

2．二粗

"二粗"选项用于在进行清根加工之前先以体积铣的方式将残余的毛坯材料去除。

选中"二粗"选项后，将激活连接区域（二次开粗）、垂直步距（二次开粗）、侧向步距（二粗）、偏移（二粗）等选项，如图 29-4 所示。相关参数的含义与体积铣-环绕粗铣中对应的选项相同。

图 29-3　清根铣的刀路参数表

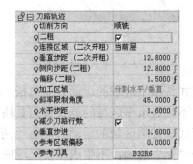

图 29-4　二粗参数

3．加工区域

加工区域设置有 5 个选项，并且以"斜率限制角度"来分割水平区域与垂直区域。

（1）分割水平/垂直。将加工区域划分为平坦区域与陡峭区域，分别采用不同的加工方法进行加工。需要设置水平步距与垂直步进。

（2）全部随形。将所有区域作为一个整体进行加工。

（3）仅平坦。只加工平坦区域，需要设置水平步距。

（4）仅陡峭。只加工垂直区域，需要设置垂直步进。

（5）无。在打开二粗选项后，选择"无"选项将只作二粗加工。

4．参考刀具

参考刀具用于选择前面加工所用的刀具。单击刀具名称按钮将弹出刀具对话框，在刀具列表中选择前面加工所用的刀具。

5．参考区域偏移

参考区域偏移用于设置前一把刀具的偏移值，使用该偏移值可确保加工区域被完全加工。

29.3 笔 式

笔式铣沿着凹角与沟槽产生一条单一刀具路径，适用于在零件的凹角处生成一个光滑的圆角。笔式铣一般应使用球头刀或者环形刀进行加工。如图 29-5 所示为笔式铣刀路轨迹的示例。

笔式铣的刀路参数较简单，如图 29-6 所示。在刀路轨迹参数组中，需要设置水平区域与垂直区域的运动方向，并设置限制角度用于划分水平区域与垂直区域。

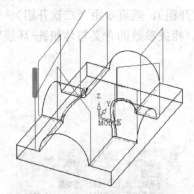

图 29-5　笔式铣刀路示例

图 29-6　笔式铣的刀路参数表

笔式铣水平区域的运动方向包括"顺铣"、"逆铣"和"混合铣"3 种，也可以选择"无"选项，不生成水平区域的笔式铣刀具路径。

笔式铣陡峭区域的运动方向有"两者：向上和向下"、"向上"和"向下"3 种，也可以选择"无"选项，不生成垂直区域的笔式铣刀具路径。

选中"多重"选项，可以设置在 Z 向的多刀切削。

29.4 轮 廓 铣

创建程序时，在主选择中有一个"轮廓铣"选项，轮廓铣是一种沿着轮廓进行多轴加工的铣削方式，包括"曲线铣削 3x"与"5x 裁剪"两个子选择，5x 裁剪通常只在多轴编程时使用。曲线铣削 3x 即 3 轴铣曲线，沿着空间轮廓进行加工，生成的路径与轮廓完全重合，加工方法最简单，距离最短，常用于空间曲线的雕刻加工。

如图 29-7 所示为曲线铣削 3x 的加工对象选择对话框。曲线铣削 3x 的加工对象包括零件曲面与轮廓，零件曲面是可选的，如果选择了零件曲面，则轮廓将投影到曲面上，与曲面铣中的开放轮廓铣类似。曲线铣削轮廓的选择方法与曲面铣中开放轮廓铣的轮廓选择方法是一样的，但曲线铣削只能选择一个轮廓。

如果选择有零件曲面，则曲线铣削 3x 可以进行多行切削、也可以进行多层切削。行间模式设置为"多个"，可以指定右侧和左侧的宽度，并设置步进实现多行加工，如图 29-8 所示。步进方式可以选择"根据行数"或者"根据残留高度"选项进行指定。"插铣"选项设置为"深度"，可以设定深度表示加工总深度，而切削深度表示每层加工深度。

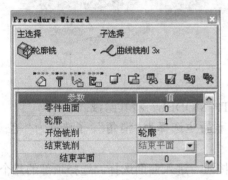

图 29-7　曲线铣削 3x 加工对象选择对话框

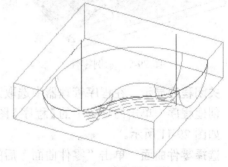

图 29-8　多行切削

29.5 转 换

通过"转换"功能可以将生成的程序转移到另一位置进行加工应用，而无需重新进行各种参数的设置和计算执行。

创建程序时，选择"主选择"为"转换"，可以选择的子选择包括"复制"、"复制阵列"、"移动"、"镜像移动"和"镜像复制"。对刀轨的移动或复制与几何体的移动或复制操作是一致的。

> **提示：** 经复制产生的新刀路轨迹是一个独立的刀路轨迹，可以进行仿真、后处理。但是由于没有零件，不能进行编辑和参数的修改。

> 📢 **提示：** 对原刀路轨迹进行编修时，经复制产生的刀路轨迹并不会自动随之改变，需要重新计算。

29.6　清角加工应用示例

完成如图 29-9 所示零件的加工，已经完成了粗加工、精加工和底部清角加工，要求完成顶面凹槽和圆角面的清角加工。

➡ **打开文件**　启动 Cimatron E10 并打开文件"NC29.elt"，该文件中已经完成了曲面的粗加工与精加工程序的创建，如图 29-10 所示。

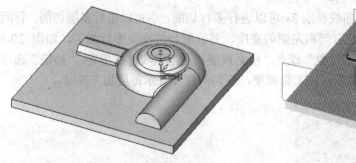

图 29-9　示例零件　　　　　　　　　　图 29-10　打开文件

➡ **关闭程序显示**　在程序管理器中选取刀路"TP_MODEL"将其隐藏。

➡ **创建程序**　单击向导条中的【程序】图标 🔩，设置主选择为"清角"、子选择为"笔式"，如图 29-11 所示。

➡ **选择零件曲面**　单击"零件曲面"后的数量按钮，进入曲面选择。选择顶部的几个曲面，如图 29-12 所示，单击鼠标中键确认返回到"程序向导"对话框。

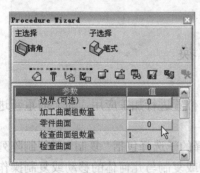

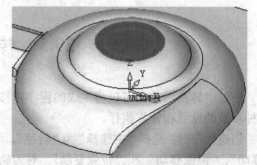

图 29-11　创建程序　　　　　　　　　图 29-12　选择零件曲面

➡ **选择刀具**　单击 🔩 图标，系统将弹出"刀具及夹头"对话框，选择直径为 6 的平底刀"D6"并确定。

➡ **设置刀路参数**　单击 🔩 图标，设置刀路参数，如图 29-13 所示。

➡ **设置机床参数**　单击 🔩 图标，设置机床参数，如图 29-14 所示。

 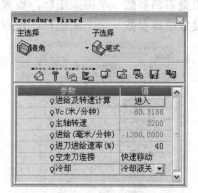

图 29-13　刀路参数　　　　　　　　　图 29-14　机床参数

➡ **程序生成**　单击【保存并计算】图标，运算当前加工程序，生成刀路轨迹，如图 29-15 所示。

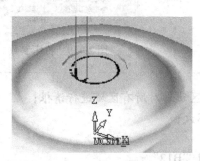 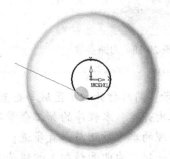

图 29-15　生成刀路轨迹

➡ **创建程序**　单击向导条中的【程序】图标，设置主选择为"清角"、子选择为"清根"。

➡ **选择零件曲面**　单击"零件曲面"后的数量按钮，进入曲面选择。选择侧面的几个曲面，如图 29-16 所示，单击鼠标中键确认返回到"程序向导"对话框。

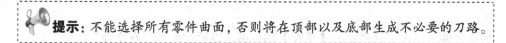

提示：不能选择所有零件曲面，否则将在顶部以及底部生成不必要的刀路。

➡ **选择检查曲面**　单击"检查曲面"后的数量按钮，进入曲面选择。选择水平面为检查曲面，如图 29-17 所示。

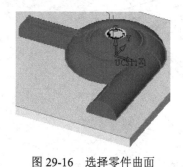 

图 29-16　选择零件曲面　　　　　　　　图 29-17　选择检查曲面

➔ **选择刀具** 单击 图标，选择直径为 5 的球头刀"B5"并确定。

➔ **设置刀路参数** 单击 图标，设置刀路参数，如图 29-18 所示。

➔ **设置机床参数** 单击 图标，设置机床参数，如图 29-19 所示。

图 29-18 刀路参数

图 29-19 机床参数

> **提示**：同时打开水平区域与垂直区域，对所有区域进行清根；
> 关闭二次开粗，本程序的加工余量不大；
> 设置合理的水平步距与垂直步进；
> 选择前一把刀为曲面精加工的球头刀"B12"；
> 设置前一把刀偏移为 0.1；
> 限制 Z 底部高度，保证不加工到水平面以下；
> 其余参数按默认值。

➔ **程序生成** 单击【保存并计算】图标 ，运算当前加工程序，生成刀路轨迹，如图 29-20 所示。

➔ **保存文件** 单击工具栏中的【保存】图标 ，以原文件名保存文件。

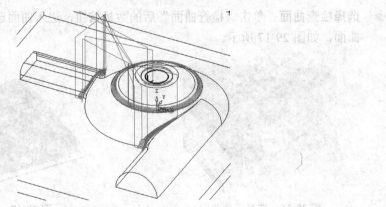

图 29-20 生成刀路轨迹

复习与练习

完成如图 29-21 所示零件角落部分的清根切削加工程序的创建。

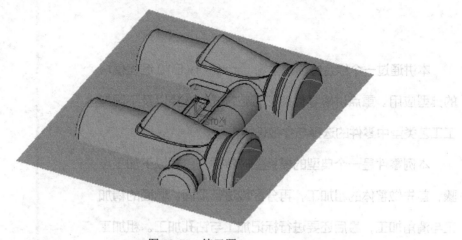

图 29-21 练习题

第30讲　数控编程综合示例

本讲通过一个综合练习来复习 Cimatron E10 编程模块的典型应用。重点讲解零件加工工艺方式的选择以及不同加工工艺类型中零件的选择与参数设置。

本例零件是一个典型的模具型芯零件，包括以下加工步骤，首先做整体的粗加工，再分区域进行顶面、侧面的精加工与清角加工，最后还要进行标记加工与钻孔加工。粗加工采用体积铣的环绕粗铣；精加工采用曲面铣的精铣所有；清角加工采用曲面铣的根据角度精铣；标记加工采用曲面铣的开放轮廓铣。

本讲要点

 📖 编程模块的综合应用

 📖 编程加工中的工艺选择

 📖 不同加工类型的零件选择

 📖 不同加工类型的参数设置

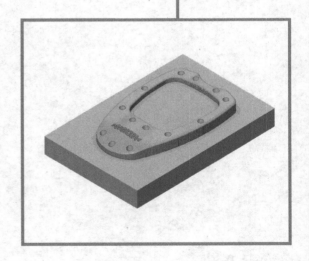

30.1　初　始　设　置

本节完成如图 30-1 所示零件的加工，要求完成粗加工、精加工、清角加工、标记加工和钻孔加工的程序创建。

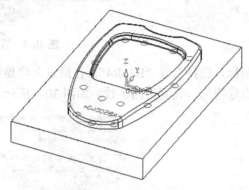

图 30-1　示例零件

➡ **启动 Cimatron E10**　启动 Cimatron E10，打开文件"T30.elt"。

➡ **输出到加工**　选择主菜单中的【文件】→【输出】→【到加工】命令，单击特征向导栏中的【确认】按钮将模型放置到当前坐标系的原点，同时不作旋转。

➡ **创建刀具**　单击工具条中的【刀具】图标，新建牛鼻刀"B16R4"，直径为 16，刀尖半径为 4；新建球刀"B8"，直径为 8；新建平刀"D8"，直径为 8；新建球刀"B2"，直径为 2；新建钻孔刀具"Z6"，直径为 6。创建完成的刀具列表如图 30-2 所示。

状	刀	刀具名	刀...	使用中	工...	尖部/类型	拔...	刀...	直...	夹...	锥...	尖角角度	刀尖半径	刃...	直身长度	进...	转...
▼	▼	(All) ▼	(A) ▼	(All) ▼	(A ▼	(All) ▼	(A ▼	(A ▼	(All) ▼	(A ▼	(A ▼	(All) ▼	(All) ▼	(A ▼	(All) ▼	(A ▼	(A ▼
		B16R4	1		铣削	牛鼻刀			16....				4.000	4.000	30.000		
		B8	2		铣削	球刀			8.000				4.000	4.000	30.000		
		D8	3		铣削	平底刀			8.000				0.000	4.000	30.000		
		B2	4		铣削	球刀			2.000				1.000	8.000	16.000		
		Z6	5		钻孔	钻头			6.000			118.000		8.000	16.000		

图 30-2　刀具列表

➡ **创建刀轨**　单击【刀轨】图标，创建 3 轴加工的刀路轨迹。

➡ **创建毛坯**　单击【毛坯】图标，以"限制盒"方式创建毛坯。

30.2　创建体积铣-环绕粗铣程序

➡ **创建程序**　单击【程序】图标，设置主选择为"体积铣"、子选择为"环绕粗铣"，如图 30-3 所示。

➡ **选择零件曲面**　单击"零件曲面"后的数量按钮，进入曲面选择。选择所有曲面为零件曲面，如图 30-4 所示，单击鼠标中键确认返回到"程序向导"对话框。

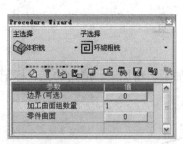

图 30-3　选择工艺

图 30-4　选择零件曲面

➔　**选择刀具**　单击 图标，选择刀具"B16R4"，在原点上将显示刀具，如图 30-5 所示。

➔　**设置刀路参数**　单击 图标，设置刀路参数，如图 30-6 所示。

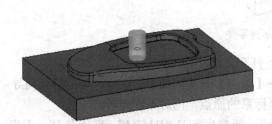

图 30-5　显示刀具

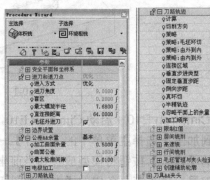

图 30-6　设置刀路参数

> **提示**：使用优化进退刀方式，设置进刀角度为 9，在外部切削，在毛坯以外下刀，在内部切削时产生螺旋下刀；
> 设置零件的曲面加工余量，以便作精加工；粗加工时可以设置相对较大的曲面公差；
> 使用"混合铣"方式有更高的效率；
> 使用"用户定义"策略，并关闭毛坯环切选项，打开由内向外与由外向内选项；
> 设置合理的垂直步进与侧向步距；
> 使用"环切"方式进行粗加工，一般不需要半精轨迹。

➔　**设置机床参数**　单击 图标，按如图 30-7 所示设置机床的主轴转速和进给率等参数。

➔　**程序生成**　单击【保存并计算】图标 ，运算当前程序，生成刀路轨迹，如图 30-8 所示。

> **提示**：在曲面加工的粗加工中，多使用粗铣环切的方式，可以以相对稳定的切削负荷进行加工。

图 30-7 机床参数

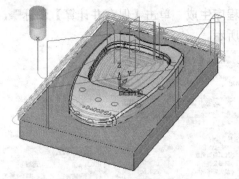

图 30-8 生成刀路轨迹

30.3 创建曲面铣削–精铣所有程序

➡ **创建程序** 在程序管理器中选择刚生成的程序，单击其后的小灯泡图标将其关闭。

➡ **设置参数** 单击【程序】图标，设置主选择为"曲面铣削"、子选择为"精铣所有"，如图 30-9 所示。

➡ **选择边界** 单击"边界"后的数量按钮，进入边界选择，系统将弹出"轮廓管理器"对话框。在图形上选择模型的水平面，并单击鼠标中键确认完成边界的选择，如图 30-10 所示。

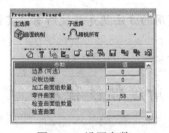

图 30-9 设置参数

图 30-10 选择边界

> **提示**：选择边界以限制分型面以下的切削。
> 连续进行程序创建时将沿用前一程序选择的零件曲面。

➡ **选择刀具** 单击图标，双击"B8"选择 8mm 球刀。

➡ **设置刀路参数** 单击图标，设置刀路参数，如图 30-11 所示。

➡ **设置机床参数** 单击图标，按如图 30-12 所示设置机床的主轴转速和进给率等参数。

> **提示**：零件加工余量及精度的默认值是粗加工时使用的值，必须更改；
> 以加工水平区域为主，加工方式选择"平行切削"；
> 设置为"混合铣"，双向切削；
> 设置铣削角度为 45，对水平方向和竖直方向的面分布相对均等；
> 不需要边界精铣轨迹，其余参数按默认值。

➡ **程序生成** 单击【保存并计算】图标🐾，运算当前程序，生成刀路轨迹，如图 30-13 所示。

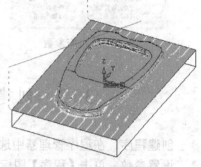

图 30-11 刀路参数　　　　图 30-12 机床参数　　　　图 30-13 生成刀路轨迹

➡ **关闭程序显示** 在程序管理器中选取程序"F-所有_6"，再单击其后的小灯泡图标将其关闭，则刀路将不再显示，以免干扰后续操作。

> 📢 **提示**：曲面精加工或者半精加工中，最常使用的方法就是精铣所有，其适应性最强，同时编程设置及加工刀路相对较简单。

30.4　创建曲面铣削–根据角度精铣程序

➡ **创建程序** 单击【程序】图标✏，弹出"程序向导"对话框，设置主选择为"曲面铣削"、子选择为"根据角度精铣"。

➡ **选择刀具** 单击🔧图标，双击选择刀具"D8"，该刀具为"平底刀"，直径为8。

> 📢 **提示**：由于侧面与分型的交线是清角的，所以要选择平底刀进行加工。

➡ **设置刀路参数** 单击📋图标，设置刀路参数，如图 30-14 所示。
➡ **设置机床参数** 单击📋图标，设置进给为1200。
➡ **程序生成** 单击【保存并计算】图标🐾，运算当前程序，生成刀路轨迹，如图 30-15 所示。

> 📢 **提示**：参数默认值将按前一程序，大部分参数不需要更改；
> 设置水平区域关闭，垂直区域打开，只加工垂直区域；
> 垂直区域的加工策略选择层切，使用顺铣单向切削；
> 限制角度设置为 70，只加工直壁的侧面。

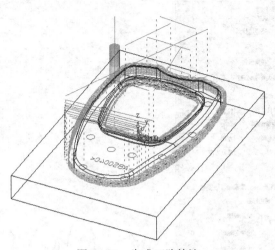

图 30-14　刀路参数　　　　　图 30-15　生成刀路轨迹

提示: 对于平面上的清角加工,使用根据角度精铣并限定只加工垂直区域,可以快速、有效地创建一个相对规则的刀路。

30.5　创建曲面铣削–开放轮廓铣程序

➡ **创建程序**　单击【程序】图标,设置主选择为"曲面铣削"、子选择为"开放轮廓",如图 30-16 所示。

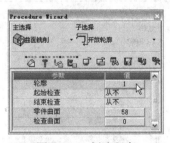

图 30-16　创建程序

➡ **选择轮廓**　单击"轮廓"后的数量按钮,进入边界选择,系统将弹出"轮廓管理器"对话框。先单击【删除全部轮廓】图标 ✗,将原先选择的边界去除,再设置 NC 参数,如图 30-17 所示。在图形上选择文字曲线,并单击鼠标中键确认完成轮廓的选择,如图 30-18 所示。

提示: 选择轮廓时应注意按单个字母进行选取。选择完成一个字母中相连的曲线后单击鼠标中键确认。

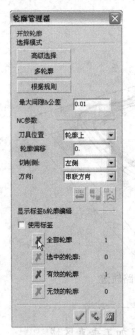

图 30-17　轮廓参数

图 30-18　选择轮廓

➡ **选择刀具**　单击 图标，双击选择刀具 "B2"，该刀具为 "球刀"，直径为 2。

➡ **设置刀路参数**　单击 图标，设置刀路参数，如图 30-19 所示。

> 📢**提示**：设置进刀及退刀的值均为 0，直接 Z 向下刀。
>
> 设置向下方式为 "Z 向增量"，曲面下增量 Z 为 0.5，可以在曲面上加工出下凹的形状。

图 30-19　刀路参数

➔ **设置机床参数** 单击 图标，设置机床参数，如图 30-20 所示。

➔ **程序生成** 单击图标 ，运算当前加工程序，生成刀路轨迹，如图 30-21 所示。

图 30-20 机床参数

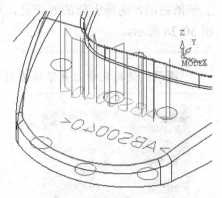

图 30-21 生成刀路轨迹

> **提示**：设置较高的主轴转速，同时只能用较低的进给速度。
> 设置切入进给速率为 30%，以较低的速度在垂直方向下刀，设置向下进给速率为 100%，保持切削速度。

> **提示**：对于曲面上的标记等图案的加工，通常使用开放轮廓铣并设置曲面负余量的方向进行加工，无需作完成的造型设计。

30.6 创建钻孔加工程序

➔ **创建程序** 单击向导条中的【程序】图标 ，开始创建程序。在"程序向导"对话框中，设置主选择为"钻孔"、子选择为"钻孔 3x"，如图 30-22 所示。

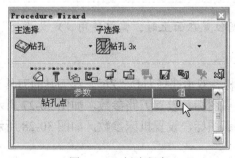

图 30-22 创建程序

➔ **选择钻孔点** 单击"钻孔点"后的数量按钮，系统将弹出"编辑点"对话框，设置钻孔点参数，使用孔中心并限定直径进行选择，如图 30-23 所示。单击【定义】按钮，在图形上选择模型顶面的下半部分，如图 30-24 所示，再打开"方向投影"选项。框选下方的 7 个圆，则选中这 7 个钻孔点，如图 30-25 所示。更改定义曲面为上半部曲面，选择上部的 6 个孔，单击鼠标中键退出钻孔点选择，显示的钻孔点如图 30-26 所示。

 提示：使用孔中心并限定直径，可以快速选择圆心点。

图 30-23　编辑点参数

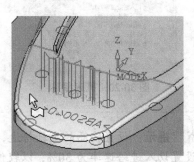

图 30-24　定义曲面

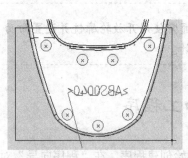

图 30-25　选择圆

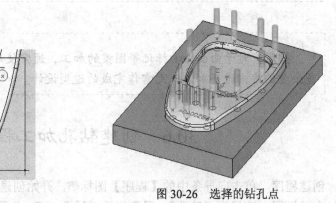

图 30-26　选择的钻孔点

提示：钻孔起始位置在面上时，需要使用"定义曲面"方式将点投影到曲面上作为起始点。

➜ **选择刀具**　单击 █ 图标，双击选择刀具"Z6"，该刀具的刀具类型为"钻头"，直径为 6。

➜ **设置刀路参数**　单击 █ 图标，设置刀路参数，如图 30-27 所示。

➜ **设置机床参数**　单击 █ 图标，设置机床参数，如图 30-28 所示。

提示：加工的孔深度较大，所以选择高速逐进钻孔方式；
设置逐进的步进为 5；
全局深度类型选择为"全局 Z 底部"；

深度使用"完整直径"方式，钻穿成通孔。

图 30-27　刀路参数

图 30-28　机床参数

➜ **保存并计算**　单击 🐝 图标，运算当前加工程序，生成刀路轨迹，如图 30-29 所示。

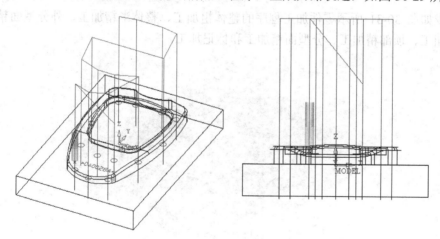

图 30-29　生成刀路轨迹

📢 **提示**：钻孔加工程序相对简单，使用自动编程加工孔可以有效地提高精度和加工效率。

➜ **保存文件**　单击【保存】图标 🖫，输入文件名"T30-NC"，保存文件。

➜ **仿真模拟**　单击【机床仿真】图标 🖳，选择所有刀轨，进行切削模拟，系统将弹出 "Cimatron E-机床模拟"窗口。单击工具条上的 ► 按钮开始模拟切削，如图 30-30 所示为仿真过程。

图 30-30　机床仿真模拟

复习与练习

完成如图 30-31 所示零件加工程序的整体粗加工、整体半精加工、外分型面精加工、侧面精加工、顶部精加工、分型面精加工和标记加工。

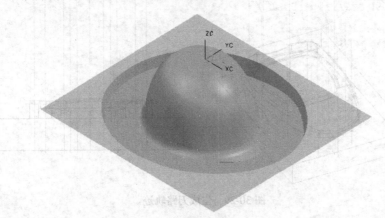

图 30-31　练习题